インプレスR&D[NextPublishing]

Amazon Web Services
サーバーレスレシピ

矢田 裕基
太田 佳敬　著
佐々木 美穂
森岡 周平

impress
R&D
An impress
Group Company

AWSでサーバーレス！
ECサイト構築、IoT、動画サイト…
実例をもとに学ぶ！

E-Book / Print Book

JN219509

目次

はじめに ・・・5

表記関係について ・・5

底本について ・・5

第1章 AWS SAM と TypeScript で作るアプリケーション開発（森岡 周平）・・・・・・・・・・・・・・6

1.1 はじめに ・・6

1.2 AWS SAM とは ・・・6

1.3 SAM CLI とは ・・7

　　　AWS SAM CLI の install ・・7

　　　Local での Lambda 実行 ・・・8

1.4 TypeScript と SAM Local を使用したアプリケーション開発 ・・・・・・・・・・・・・10

　　　TypeScript の基本設定 ・・11

　　　デプロイ ・・・16

　　　まとめ ・・19

第2章 Elasticsearch を利用した EC サイトの構築（太田 佳敬）・・・・・・・・・・・・・・20

2.1 全体構成 ・・・20

　　　DynamoDB を使う ・・・21

　　　Elasticsearch Service を使う ・・・・・・・・・・・・・・・・・・・・・・・・・・・・・・・・・・・21

2.2 データ設計 ・・・21

　　　テーブル構造 ・・22

　　　DynamoDB への登録 ・・・22

2.3 API 設計 ・・23

2.4 トップページを作る ・・23

　　　SAM で API を定義する ・・・・・・・・・・・・・・・・・・・・・・・・・・・・・・・・・・・・・・・24

　　　Lambda を定義する ・・25

　　　ビルドする ・・・26

　　　Lambda を実行する ・・26

2.5 商品を登録する ・・・27

　　　DynamoDB のテーブル設定 ・・・・・・・・・・・・・・・・・・・・・・・・・・・・・・・・・・・27

　　　SAM Local で API を定義する ・・・・・・・・・・・・・・・・・・・・・・・・・・・・・・・・・28

　　　DynamoDB Local にアクセスする ・・・・・・・・・・・・・・・・・・・・・・・・・・・・・・29

　　　データ登録機能を作る ・・30

　　　データを登録する ・・・34

2.6 商品詳細を取得する ・・・35

　　　template.yml の設定 ・・・35

　　　データ取得機能を作る ・・36

　　　商品データを取得する ・・39

2.7 Elasticserach を使う ・・40

| 2.8 | Elasticsearchのインデックスを作る | 40 |

2.8　Elasticsearchのインデックスを作る ………………………………………………………… 40

2.9　Elasticsearchにデータを登録する ……………………………………………………………… 40
　　　Elasticsearchの設定をする …………………………………………………………………………… 41
　　　Elasticsearchへの送信機能を作る ………………………………………………………………… 41
　　　Elasticsearchに送信する ……………………………………………………………………………… 43

2.10　Elasticsearchからデータを検索する ……………………………………………………… 44
　　　template.yml の設定 …………………………………………………………………………………… 44
　　　検索機能を作る ………………………………………………………………………………………… 44
　　　Elasticserachで検索をする ………………………………………………………………………… 48

2.11　AWSにデプロイする ……………………………………………………………………………… 49
　　　DynamoDBの権限を設定する ……………………………………………………………………… 49
　　　デプロイ用のバケットを作る ……………………………………………………………………… 49
　　　APIにアクセスする …………………………………………………………………………………… 50

2.12　ウェブページからアクセスする ……………………………………………………………… 51
　　　ソースコード …………………………………………………………………………………………… 51
　　　S3へアップロードする ……………………………………………………………………………… 51

2.13　まとめ …………………………………………………………………………………………………… 52

第3章　AWS IoT（佐々木 美穂）………………………………………………………………………… 53

3.1　AWS IoT とは？ ……………………………………………………………………………………… 53

3.2　AWS IoT Component ……………………………………………………………………………… 53
　　　Things Registry ………………………………………………………………………………………… 53
　　　Message Broker ………………………………………………………………………………………… 53
　　　Rules Engine ……………………………………………………………………………………………… 54
　　　Security and Identity …………………………………………………………………………………… 55

3.3　基本構成 ………………………………………………………………………………………………… 55

3.4　手順 …… 55
　　　デバイスの登録 ………………………………………………………………………………………… 55
　　　証明書の発行 …………………………………………………………………………………………… 57

3.5　ポリシーの設定とは? ……………………………………………………………………………… 57

3.6　MQTTトピック・トピックフィルター ……………………………………………………… 58

3.7　AWS IoT メッセージブローカー ……………………………………………………………… 58
　　　ポリシーの生成 ………………………………………………………………………………………… 58
　　　ルールの設定 …………………………………………………………………………………………… 59
　　　アクションの設定・その1 …………………………………………………………………………… 61
　　　Amazon Simple Notification Service（SNS）とは? ……………………………………… 62
　　　トピックの生成 ………………………………………………………………………………………… 62
　　　アクションの設定・その2 …………………………………………………………………………… 63
　　　clientの設定 …………………………………………………………………………………………… 63

3.8　sdkを利用した実行方法 ………………………………………………………………………… 65

3.9　まとめ …………………………………………………………………………………………………… 65

第4章　AWS Media Servicesで構築するサーバーレスな動画サイト（矢田 裕基）………… 67

4.1　AWS Media Servicesの登場 …………………………………………………………………… 67

AWS Elemental MediaConvert ………………………………………………………67
AWS Elemental MediaLive ………………………………………………………68
AWS Elemental MediaStore ………………………………………………………68
AWS Elemental MediaPackage ……………………………………………………69
AWS Elemental MediaTailor ………………………………………………………69

4.2　さっそく使ってみる ………………………………………………………………69
AWS Answers を覗く …………………………………………………………………70
動画がアップロードされたら …………………………………………………………70
AWS Step Functions とは何か？ ……………………………………………………71
動画取り込み時のフローを覗く ………………………………………………………71
動画の変換 ………………………………………………………………………………72
動画の公開 ………………………………………………………………………………73

4.3　終わりに ……………………………………………………………………………74

第5章　AWS Media Services によるサーバーレスアーキテクチャーの歩き方（矢田 裕基）75

5.1　AWSでサーバーレスアプリを作るにあたって …………………………………75

5.2　基本的なサービス …………………………………………………………………75
AWS Lambda …………………………………………………………………………76
Amazon DynamoDB …………………………………………………………………76
Amazon S3 ……………………………………………………………………………76

5.3　ユースケースから考える …………………………………………………………77
ケース1：HTTP(S) 通信を受け取りたい ……………………………………………77
ケース2：サインイン・サインアップとユーザー認証 ………………………………78
ケース3：確実に処理を完了する必要がある ………………………………………79
ケース4：AWS Lambda だけでは賄えない処理を行う ……………………………80
まとめ ……………………………………………………………………………………80

著者紹介 …………………………………………………………………………………81

はじめに

本書は、「Amazon Web Service（以降、AWS）でサーバーレスな構成がしたいけど、実際にどのように設計したほうがいいかわからない」という人のために向けられた、実例を紹介しながらサーバーレスの設計がわかっていくガイドブックです。

本書は技術書展3で頒布された「雰囲気でわかる AWS SAM (Local)」の次のステップになるものを目指し、企画されました。同書では AWS Lambda や Amazon API Gateway、DynamoDB などの基本的なサービスを紹介しましたが、実際にサーバーレスでの開発をしようとすると、そのときどきの要件に合わせて AWS の用意する様々なサービスを組み合わせる必要が出てきます。そこで本書ではまず要件を定義し、そこからサーバーレスで使える AWS の様々なサービスの使い方を解説しつつ、AWS におけるサーバーレス構成の使い方や考え方を学習していく本となっています。各章で使うサービスや構成が異なっているので、どの章も設計を考える上で参考になるでしょう。

今後もっと様々な構成を紹介できるようにしようと考えていますので、AWS を使う上で何かの参考になれば幸いです。

表記関係について

本書に記載されている会社名、製品名などは、一般に各社の登録商標または商標、商品名です。会社名、製品名については、本文中では ©、®、™マークなどは表示していません。

底本について

本書籍は、技術系同人誌即売会「技術書典4」で頒布されたものを底本としています

第1章 AWS SAMとTypeScriptで作るアプリケーション開発（森岡 周平）

1.1 はじめに

本章ではAWS SAMと、その開発を補助するツールであるAWS SAMについて、その概要と簡単な実行方法について説明します。そして、SAMを使ってTypeScriptを使った簡単なアプリケーションの開発方法についても紹介します。

1.2 AWS SAMとは

AWS SAMの"SAM"とは、"Serverless Application Model"の略称で、サーバーレスなアプリケーションを構築するためにAWSが公式で提供しているフレームワークです。

AWS SAMはAWS CloudFormationの拡張であり、必要なリソースは基本的にCloudFormationで記述します。利用する際は、次のようにTransformセクションを指定する必要があります。

リスト1.1: template.yml

```
AWSTemplateFormatVersion: '2010-09-09'
Transform: 'AWS::Serverless-2016-10-31' # CloudFormationでSAMを利用
するための宣言
Resources:
  MyFunction:
    Type: 'AWS::Serverless::Function'
    Properties:
      Handler: index.handler
      Runtime: nodejs8.10
      CodeUri: 's3://my-bucket/function.zip'
```

AWS SAMで拡張されたCloudFormationの機能は、次の2点です。
・Lambda、API Gateway、DynamoDBのリソースに関する機能追加
・Lambda関数のpackage、デプロイ機能の追加
もちろん従来のCloudFormationの機能はそのまま使えるため、AWS SAMで拡張されていないリソースをそのまま定義することも可能となっています。

AWS SAMはAmazon自身が公式に提供しているとあって、数多くの機能がサポートされてい

ます。たとえば2017年のre:Inventにおいて、AWS SAMにDeploymentPreferenceというプロパティーが追加されました。これはサーバーレスなアプリケーションにおいて、Canary Releaseを実現する機能となっており、数行の設定で実現できます。またAWS X-Rayを用いて、パフォーマンスなどの監視を容易に実現することもできます。Serverless Application Repositoryのおかげで、他の人が作った機能をパラメータだけ埋めて、気軽に再利用も可能です。

このようにAWS SAMは、AWS上でサーバーレスなアプリケーションを構築する上で選ばれうるフレームワークの中で、最も有力なもののひとつとなっています。

1.3　SAM CLIとは

AWSでのサーバーレスアプリケーションの開発において、確認のために毎回デプロイが必要であれば、開発効率はとても低いものとなってしまいます。効率よく開発するためには、開発環境でサーバーレスなアプリケーションをエミュレートする必要があります。

そこで、AWSからSAM CLIというツールがリリースされました。SAM CLIは、SAMでのアプリケーション開発を補助してくれるCLIです。主な機能としては、開発環境におけるLambdaのテスト、SAM用CloudFormationのtemplateのバリデーション、開発環境でLambda Functionを起動する際のPayloadの作成、そしてLambda関数についてのインタラクティブなデバッグサポートの4つです。

SAM CLIは2018年7月26日現在はまだβ版ですが、それでもサーバーレスなアプリケーションの開発を強力にサポートしてくれています。

AWS SAM CLIのinstall

SAM CLIでは、CLI環境でLambdaを実行するために、Dockerを必要とします。Dockerのセットアップは環境によって異なるため、それぞれの環境に適したセットアップを行ってください[1,2,3]。

Docker環境のインストールが終わったら、aws-sam-cliをインストールします。

```
$ pip install --user aws-sam-cli
$ sam --version
SAM CLI, version 0.5.0
```

もしPython commandのパスが設定されていない場合、次の設定を~/.bash_profile（ZSHを利用している人は~/.zshrc）に次の設定を追加する必要があります。

1.Mac:https://store.docker.com/editions/community/docker-ce-desktop-mac
2.Windows:https://docs.docker.com/docker-for-windows/install/#download-docker-for-windows
3.Linux:ディストリビューション毎のpackage manager を確認してください

リスト 1.2: ~/.bash_profile

```
USER_BASE_PATH=$(python -m site --user-base)
export PATH=$PATH:$USER_BASE_PATH/bin
```

　2018年7月現在、最新のバージョンは0.5.0です。バージョンが最新のものになっていることを確認してください。

Local での Lambda 実行

　早速LocalでLambdaを実行してみましょう。次のシンプルなLambdaのコードを実行するとします。

　早速開発環境でAWS Lambdaを実行してみましょう。その前に、Node.jsのバージョンを設定しましょう。2018年7月現在、AWS Lambdaが対応しているNode.jsの最新バージョンはv8.10です。Node.jsのバージョンがv8.10になっていることを確認してください。

```
$ node -v
v8.10.0
```

　Node.jsの設定が出来たところで、SAM CLIではサンプルプログラムをすぐに動かすことができるよう、テンプレートを提供しています。テンプレートはsam initコマンドで取得できます。

```
$ sam init --runtime nodejs
$ tree sam-app
sam-app
├── README.md
├── hello_world
│   ├── app.js
│   ├── package.json
│   └── tests
│       └── unit
│           └── test_handler.js
└── template.yaml
```

　生成されたテンプレートのコードをのぞいてみましょう。まずはhello_world/app.jsです。

リスト 1.3: app.js

```
const axios = require('axios')
const url = 'http://checkip.amazonaws.com/';
```

```javascript
let response;

exports.lambda_handler = async (event, context, callback) => {
  try {
    const ret = await axios(url);
    response = {
      'statusCode': 200,
      'body': JSON.stringify({
        message: 'hello world',
        location: ret.data.trim()
      })
    }
  } catch (err) {
    console.log(err);
    callback(err, null);
  }
  callback(null, response)
};
```

　この http://checkip.amazonaws.com/ という URL は、AWS が提供しているリクエスト元のパブリック IP アドレスを返すサービスです。よってこのコードの役割は、AWS Lambda が実行されている container（開発環境においては、自分のローカル PC の）のパブリック IP を返すことになります。次に CloudFormation の設定を見ていきます。

リスト 1.4: template.yml

```yaml
#  一部抜粋
Resources:
  HelloWorldFunction:
    Type: AWS::Serverless::Function
    Properties:
      CodeUri: hello_world/
      Handler: app.lambda_handler
      Runtime: nodejs8.10
      Environment:
        Variables:
          PARAM1: VALUE
      Events:
        HelloWorld:
          Type: Api
          Properties:
            Path: /hello
```

```
Method: get
```

Eventsというプロパティーが、Lambdaを起動させるために必要な要素を指します。このサンプルでは、API Gatewayが利用されていることが見て取れますね。なお、AWS SAM Localがサポートしているeventsは次の6点になります。

・s3
・sns
・kinesis
・dynamodb
・api
・schedule

AWS SAMにおけるCloudFormationの記述方法については、
https://github.com/awslabs/serverless-application-model/blob/master/versions/
2016-10-31.md
をご確認ください。

Lambdaの起動はinvokeコマンドで行います。invokeコマンドでLambdaを起動する際は、起動に必要な情報をeventパラメータ、もしくは標準入力で渡す必要があります。Lambdaを起動する際に必要なパラメータはgenerate-eventコマンドで生成します。詳細な使い方については後程説明しますので、ここでは何のパラメータも設定せずに実行してみましょう。

```
$ cd hello_world && npm install
$ cd ../
$ sam local generate-event api | sam local invoke
HelloWorldFunction
...
Duration: 672.15 ms
Billed Duration: 700 ms
Memory Size: 128 MB
Max Memory Used: 34 MB
{"statusCode":200,"body":"{\"message\":\"hello
world\",\"location\":\"xxx.xxx.xxx.xxx\"}"}
```

実行した結果がこのようになります。"Hello World"というレスポンスが返ってきます。

1.4 TypeScriptとSAM Localを使用したアプリケーション開発

TypeScriptとは、マイクロソフトによって開発されたプログラミング言語であり、いわゆるAltJSのひとつです。TypeScriptはJavaScriptに対して型システムを追加します。型システム

10 　第1章　AWS SAMとTypeScriptで作るアプリケーション開発（森岡 周平）

の追加はLambdaでのアプリケーション開発においても、決して小さくない恩恵を開発者に与えてくれます。ここではLambdaのアプリケーション開発について、TypeScriptを使って行う方法について記載していきます。

TypeScriptの基本設定

インストール

まずは次のコマンドで、必要なパッケージを追加していきましょう。

```
npm init
npm install --save-dev typescript@2.9.2 @types/aws-lambda
@types/node
```

ここでtypescriptはTypeScriptを扱えるようにするためのpackageです。@types/node, @types/aws-lambdaのpackageはLambdaの型情報を持っているpackageになります。これを入れておくことで、Lambdaでのアプリケーション開発において、型の恩恵を受けることが可能になります。

コンパイルの設定

次にTypeScriptのコンパイル設定をします。まずtsconfig.jsonですが、ほとんど最小限の設定をしました。includeプロパティーにTypeScriptのコードのパスを指定、outDirプロパティーにコンパイル後のコードの出力先を指定します[4]。

リスト1.5: tsconfig.json

```
{
  "compilerOptions": {
    "target": "es2018",
    "module": "commonjs",
    "outDir": "./dist",
    "strict": true,
    "esModuleInterop": true,
    "noImplicitAny": true
  },
  "include": [ "src/**/*" ]
}
```

このとき、ディレクトリ構造は次のとおりです。

```
$ tree
```

4.tsconfigの設定:https://www.typescriptlang.org/docs/handbook/tsconfig-json.html

```
├── dist
│   └── index.js
├── node_modules
├── package.json
⋮
├── src
│   └── index.ts
└── template.yml
```

コーディング

　それではそろそろ実際に、TypeScriptを使ってコーディングしていきましょう。今回用意したサンプルコードは次のようになっています。

リスト1.6: src/index.ts

```
import {
  APIGatewayEventRequestContext,
  APIGatewayProxyCallback,
  APIGatewayProxyEvent,
  APIGatewayProxyResult
} from "aws-lambda";

import axios from "axios";
const url: string = "http://checkip.amazonaws.com/";
let response: APIGatewayProxyResult;

exports.lambda_handler = async (
  event: APIGatewayProxyEvent,
  context: APIGatewayEventRequestContext,
  callback: APIGatewayProxyCallback
): Promise<void> => {
  try {
    const ret: any = await axios(url);
    response = {
      statusCode: 200,
      body: JSON.stringify({
        message: "hello world",
        location: ret.data.trim()
      })
    };
  } catch (err) {
```

```
    callback(err, response);
  }
  callback(null, response);
};
```

様々な変数にインターフェースが定義されるようになりましたね。AWS SAM で API Gateway を使って Lambda を起動する設定をすると、API Gateway と Lambda 関数とのつなぎ込みに Lambda プロキシインテグレーションという機能を使うことになります。この機能を使うと、API Gateway と Lambda 間のデータのやりとりを容易に行うことが可能になります。このとき、Lambda から API Gateway に返すパラメータは次のインターフェースで定義されます。

リスト1.7: @types/aws-lambda/index.d.ts

```
export interface APIGatewayProxyResult {
  statusCode: number;
  headers?: {
      [header: string]: boolean | number | string;
  };
  body: string;
  isBase64Encoded?: boolean;
}
```

Visual Studio Code を使うと、次の図のように補完機能が使えるようになります。ドキュメントを見ずともある程度コーディングできるようになるため、開発効率が大きく向上します。

図 1.1: vscode の補完機能

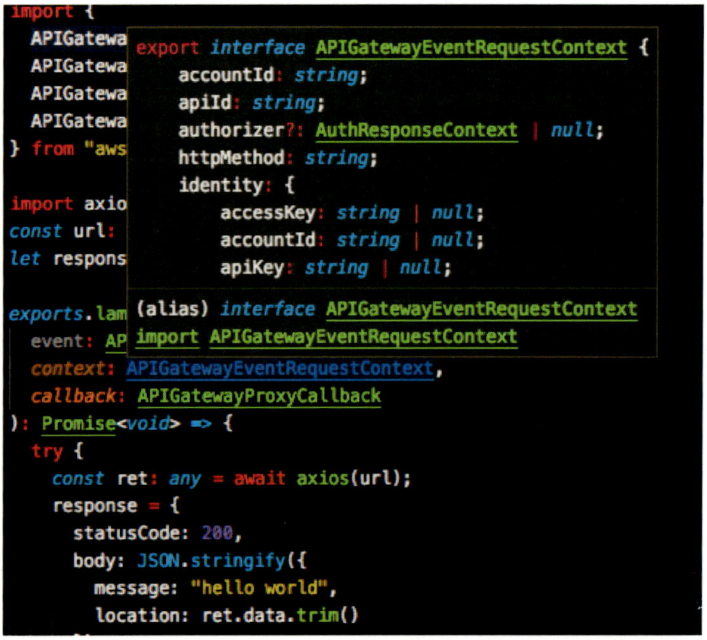

さて、TypeScriptで書かれたコードをコンパイルしてみましょう。コンパイルは npx tsc コマンドで実行します。コンパイルされたコードが次のとおりです。

リスト 1.8: build/index.js

```javascript
"use strict";
var __importDefault = (this && this.__importDefault) || function
(mod) {
    return (mod && mod.__esModule) ? mod : { "default": mod };
};
Object.defineProperty(exports, "__esModule", { value: true });
const axios_1 = __importDefault(require("axios"));
const url = "http://checkip.amazonaws.com/";
let response;
exports.lambda_handler = async (event, context, callback) => {
    try {
        const ret = await axios_1.default(url);
        response = {
            statusCode: 200,
            body: JSON.stringify({
                message: "hello world",
                location: ret.data.trim()
            })
        };
```

```
    }
    catch (err) {
        console.log(err);
        callback(err, response);
    }
    callback(null, response);
};
```

　TypeScriptで書かれたコードが、JavaScriptに変換されていることが確認できます。それで
も、これではLambdaを起動することが出来ません。npmのパッケージがコードに含まれてい
ないためです。次の節では、webpackを使ってコードを一つにまとめてしまいましょう。

webpackの設定

　webpackはJavaScriptのモジュールバンドラーです。任意のJavaScriptのコードに関して、
関連しているnpmパッケージをまとめてひとつのコードに変換します。AWS Labmdaにおいて
Lambdaからnpmパッケージを読み込む場合、デプロイするディレクトリの下にnode_modules
を配置するか、webpackでひとつにまとめる必要があります。

　次のコマンドでwebpackを利用するために必要なパッケージをインストールします。

```
npm i -D webpack webpack-cli ts-loader
```

　そして、AWS Lambdaのコードをひとつにまとめるwebpackの設定は次のようになります。

リスト 1.9: webpack.config.js

```
const path = require('path');

module.exports = {
  entry: './src/index.ts',
  module: {
    rules: [
      {
        test: /\.tsx?$/,
        use: 'ts-loader'
      }
    ]
  },
  resolve: {
    extensions: [ '.tsx', '.ts', '.js' ]
  },
  output: {
```

```
    filename: 'index.js',
    path: path.resolve(__dirname, 'dist'),
    library: 'index',
    libraryTarget: 'commonjs2'
  }
};
```

開発中は次のふたつのscriptsを`package.json`に登録しておくと便利です。`webpack --watch`は、コードに変更があったらすぐにバンドルしてくれます。

リスト1.10: package.json

```
"scripts": {
  "watch": "webpack --watch --mode development",
  "build": "webpack --mode production"
}
```

さて、実際にバンドルしたコードでlambdaを起動してみましょう。

```
$ npm run build
$ sam local generate-event api | sam local invoke
TypeScriptFunction
2018/04/12 20:26:21 Successfully parsed template.yml
2018/04/12 20:26:21 Connected to Docker 1.37
...
{"statusCode":200,"headers":{"my_header":"my_value"},
"body":"{\"event\":\"/{proxy+}\"}","isBase64Encoded":false}
```

デプロイ

S3 Bucketの作成

AWS Lambdaをデプロイするには、lambda functionをS3にアップロードする必要があります。そこでアップロード用S3 BucketをCloudFormationで記述します。

リスト1.11: cloudformation.yml

```
AWSTemplateFormatVersion: 2010-09-09
Resources:
  LambdaBucket:
    Type: 'AWS::S3::Bucket'
    Properties:
      # Bucket名は重複しない名前にしてください
```

```
    BucketName: selmertsx-lambda-hello-world
```

このCloudFormationを次のコマンドで反映していきます。

```
aws --region ap-northeast-1 \
  cloudformation create-stack \
  --stack-name lambda-hello-world-resource \
  --template-body file://cloudformation.yml
```

SAMの設定

　TypeScriptで書かれたコードをデプロイしていきましょう。まずはAWS SAMの template.ymlを設定していきます。AWS SAMでtemplate.ymlと同じ階層にJavaScript のコードが存在しない場合、CodeUriというプロパティーでJavaScriptのコードのパスを指定 する必要があります。

リスト1.12: template.yml

```
Resources:
  HelloWorldFunction:
    Type: AWS::Serverless::Function
    Properties:
      CodeUri: dist/
      Handler: index.lambda_handler
      Runtime: nodejs8.10
      Events:
        HelloWorld:
          Type: Api
          Properties:
            Path: /hello
            Method: get
```

デプロイの実行

　ここからは、実際にLambdaのコードをデプロイしていきます。

リスト1.13: bin/deploy.sh

```
#!/bin/sh -eu
is_stack_exist=$(aws cloudformation describe-stacks --stack-name
lambda-hello-world-resource > /dev/null 2>&1; echo $?)
# stackが存在しないときにcloudformationを実行して、s3 Bucketを作成する
```

```
if [ "$is_stack_exist" -eq '255' ]; then
  aws --region ap-northeast-1 \
    cloudformation create-stack \
    --stack-name lambda-hello-world-resource \
    --template-body file://cloudformation.yml
fi

npm run build
sam package \
  --template-file template.yml \
  --s3-bucket selmertsx-lambda-hello-world  \
  --output-template-file packaged.yml
sam deploy \
  --template-file packaged.yml \
  --stack-name hello-world-lambda  \
  --capabilities CAPABILITY_IAM
```

このコマンドを実行すると、API Gatewayのリソースが生成されます。実際に作成されていることをawsコマンドを使って確認していきましょう。

```
$ aws cloudformation describe-stacks --stack-name
hello-world-lambda
{
  ...
  "Outputs": [
      {
          "Description": "API Gateway endpoint URL for Prod stage
for Hello World function",
          "OutputKey": "HelloWorldApi",
          "OutputValue":
            "https://${REST_API_ID}.execute-api
              .ap-northeast-1.amazonaws.com/Prod/hello/"
      }
  ],
}
```

ここで取得できたOutputValueで、API Gatewayにリクエストを飛ばすためのURLが返されます。このURIに対してcurlでアクセスしてみましょう。

```
$ curl \
'https://${REST_API_ID}'\
'.execute-api.ap-northeast-1.amazonaws.com/Prod/hello'
```

```
{"message":"hello world","location":"13.231.100.94"}%
```

意図したレスポンスが返ってくることを確認できました。ここまで、TypeScriptで記述した LambdaのコードをSAM Localを使って動作確認し、SAMの機能でデプロイするところまで行いました。

まとめ

ここではTypeScriptで記述したLambdaのコードを、開発からデプロイ、動作確認まで完了しました。最後に、次のコマンドを実行して、今回利用したAWSのリソースをきれいにしていきましょう。

```
# SAMで作成したstackを削除する
$ aws cloudformation delete-stack --stack-name hello-world-lambda

# S3のbucketとbucketを作成したstackを削除する
$ aws s3 rm --recursive s3://selmertsx-lambda-hello-world
$ aws cloudformation delete-stack --stack-name
lambda-hello-world-resource
```

この章では、AWS SAMとTypeScriptでやるアプリケーション開発方法について説明しました。導入に一手間掛かるものの、その手間を補って余りあるほどのメリットがTypeScriptには存在します。AWS LambdaでもTypeScriptを使いたいという人にとって、すこしでも助けになることができたら幸いです。

第2章　Elasticsearchを利用したECサイトの構築（太田 佳敬）

　この章ではDymanoDBやElasticsearchを利用したサーバレスのシステムを考えます。具体的には登録した商品を閲覧でき、検索機能がついたECサイトになります。具体的な機能としては次のようになります。

・商品が登録できる

・商品の詳細が見られる

・商品を検索できる

　実際に運用するECサイトとしては次のような機能も必要ですが、今回は誌面の都合上省略します。

・商品の一覧表示

・ユーザ管理

・決済サービス

　機能は全てJSONを返すAPIで構成します。ウェブページはSPAとして作り、ユーザの操作に応じてリクエストを送り、JSONで受け取った結果を元に表示を書き換えます。

2.1　全体構成

　今回は全てAWS Serverless Application Model（以降、SAM）を使って作ります。図2.1の構成になりますが、前述のとおり薄く色を塗った部分のみを今回は解説します。

図2.1: 全体構成

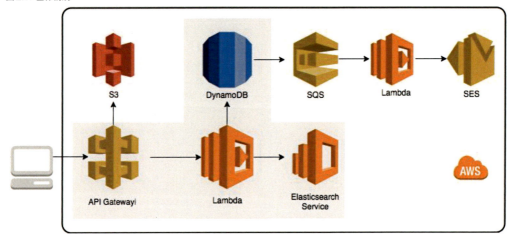

図2.1を簡単に説明すると、まずユーザのアクセスをAmazon API Gatewayが受け、AWS Lambdaを起動させます。AWS Lambdaはアクセスに応じてDynamoDBから商品データを取得してレスポンスを返したり、Amazon Elasticsearch Service（以降、ES）に問い合わせてデータを検索したりします。これらについてSAMを利用して作っていきます。

開発に関してはaws cliコマンドと、SAMを手元のマシンで実行出来るaws-sam-cliのlocal機能を使って進めていきます。awsコマンドとsamコマンドが利用できるように公式サイトに沿ってインストール、および設定をお願いします。

なお、DynamoDBとElasticsearch ServiceはSAMに対応していません。DynamoDBはローカルで動かせるDynamoDB localというものが存在するため、これを利用して開発をします。ESをローカルで動かせるソフトウェアはありませんが、通常のElasticserachで代用できますのでそれを利用します。

DynamoDBを使う

今回、データベースはDynamoDBを利用します。AWS Lambdaを利用する場合、ほぼ間違いなくDynamoDBを使うことになります。

今回の構成ではAWS Lambdaがユーザからのアクセスに対して自動でスケーリングしていきます。Lambdaは無限に並列実行が可能なため（実際の動作では数千で上限値になりますが）、データベースへ非常に多数のクライアントが同時に接続します。DynamoDBは大量の接続に対しても適切なパフォーマンスが出るような設計になっており、Lambdaを使う場合は間違いなくこれを利用した方が良いでしょう。

もしその他のデータベースを扱いたいのであれば、データを取得する部分を適切に書き換えてください。

Elasticsearch Serviceを使う

まず、商品検索を行うのでどのように検索するかを考える必要があります。これには今回の話のメインでもある、Elasticsearchを利用します。

AWSでは、ElasticsearchをホスティングしているElasticsearch Serviceを提供しています。そのため、データを登録してクエリを投げるだけで検索が出来るようになっています。ただし、ユーザ辞書が使えない、プラグインが使えない、といったいくつかの制限事項があります。

2.2　データ設計

DynamoDBもElasticsearchもスキーマレスのため何でもデータに入れられますが、実際にコードから使う際にはデータ構造を意識するために、事前に想定しておきます。

テーブル構造

今回は商品を表すItemsTableのみを作ります。構造は次のとおりで、商品を一意に識別する
IDは手動で発行します。

- id: 一意のID,
- name: 商品名,
- description: 説明文,
- price: 値段(ドル)

DynamoDBへの登録

DynamoDBはスキーマレスのため自由にデータを入れることができますが、Primary Keyだ
けは登録が必要です。SAMはidという名前のPrimary Keyを自動で設定しますが、DynamoDB
Localに対しては行ってくれません。そのため手動で登録を行います。

まず、次のコマンドでDynamoDB Localを起動します。

```
java -Djava.library.path=./DynamoDBLocal_lib \
    -jar DynamoDBLocal.jar -sharedDb
```

正常に起動した状態で次のURLにアクセスすると、JavaScriptでDynamoDBを操作できる
ページが表示されます。

```
http://localhost:8000/shell/
```

このページにはDynamoDBを扱うためのサンプルコードがいくつか登録されています。今回
はその中からテーブル作成用のコードを元に、次のようにidというキーを持つItemsTable
を作成します。なお、nameやdescription、priceは特に設定する必要はありません。

```
var params = {
    "AttributeDefinitions": [
        {
            "AttributeName": "id",
            "AttributeType": "S"
        }
    ],
    "TableName": "ItemsTable",
    "KeySchema": [
        {
            "AttributeName": "id",
            "KeyType": "HASH"
```

```
        }
    ],
    "ProvisionedThroughput": {
        "ReadCapacityUnits": 5,
        "WriteCapacityUnits": 5
    }
};
dynamodb.createTable(params, function(err, data) {
    if (err) ppJson(err);
    else ppJson(data);
});
```

2.3 API設計

ECサイトとして次の4つのAPIを想定します。ユーザは検索機能によって商品を探し、詳細機能によって商品の詳細情報を見るという想定です。なお、トップページはSAMでの開発の導入向けに用意したもので、文字列を表示するだけで特に何もさせません。

- GET /
  - —トップページ
  - —挙動確認のためで何もしない
- POST /admin/items
  - —商品詳細の登録
- GET /items/:item_id
  - —指定したidを持つ商品の詳細情報を取得
- GET /search
  - —商品検索
  - —パラメータ q で検索クエリを受け取る
  - —(例：/search?q=商品A%20商品B)

2.4 トップページを作る

まずSAMでAPIを作る方法の説明します。そのために、/でアクセスできるトップページを作ります。今回の仕様ではトップページは文字列を表示するだけになっており、複雑ではないので最初に作るのに最適です。SAMでAPIを作る方法がわかっている場合は、この項目は飛ばしても問題はありません。

SAMでAPIを定義する

SAMではYAMLファイルでAPI情報を定義し、エンドポイントやアクセス時にどのLambda
が実行されるか、などを指定します。

template.ymlの設定

まず初めにsamにあるテンプレート作成コマンドを利用し、一連の必要なファイルを作成し
ます。Lambdaで実行する際のruntimeを指定できますが、今回はgo言語を扱います。

```
sam init --runtime go
```

様々なファイルが生成されますが、その中のtemplaet.ymlというファイルを開きます。そ
して、Resourcesというキーの中身を次のように書き換えてください。

リスト2.1: template.yml

```
Resources:
  TopFunction:
    Type: AWS::Serverless::Function
    Properties:
      CodeUri: top/
      Handler: top
      Runtime: go1.x
      Events:
        CatchAll:
          Type: Api
          Properties:
            Path: /
            Method: GET
```

ソースコード解説

SAMではResources次に各種リソースを定義していきます。次のコードでは
AWS::Serverless::Functionという種類のTopFunctionを定義しています。

```
Resources:
  TopFunction:
    Type: AWS::Serverless::Function
```

AWS::Serverless::Functionは、そのリソースへのアクセス時にPropertiesの
Handlerに設定したLambdaを実行します。Events以下にパスやHTTPメソッドを書いて

24　　第2章　Elasticsearchを利用したECサイトの構築（太田 佳敬）

いくことで、そのパスにアクセスした時にHandlerが実行されます。今回はgoで動くtopという Handler を定義し、GET メソッドでアクセスした場合に実行するように設定しています。

```
Properties:
  CodeUri: top/
  Handler: top
  Runtime: go1.x
  Events:
    CatchAll:
      Type: Api
      Properties:
        Path: /
        Method: GET
```

Lambdaを定義する

　template.ymlでAPIを定義しましたので、SAMの設定としてはこれで完了になります。次は/にGETでアクセスした際に実行されるtopハンドラを定義します。

　これは通常のLambdaを作成するだけです。top/main.goという名前で、次のファイルを作成してください。

リスト 2.2: top/main.go

```go
package main

import (
        "fmt"

        "github.com/aws/aws-lambda-go/events"
        "github.com/aws/aws-lambda-go/lambda"
)

func handler(request events.APIGatewayProxyRequest) (
    events.APIGatewayProxyResponse, error) {
        return events.APIGatewayProxyResponse{
                Body:       fmt.Sprintf("This is top!"),
                StatusCode: 200,
        }, nil
}

func main() {
```

```
        lambda.Start(handler)
}
```

Lambdaを実行するとlambda.Startに渡した関数が呼ばれます。event.APIGatewayProxyResponseにレスポンス用の情報を設定して、呼び出された関数の戻り値として返すと、SAMによってAPIのレスポンスとして使われます。

ビルドする

goの場合、Lambdaはビルドされたバイナリを読み込むだけなので、先にビルドする必要があります。SAMの実行はlocalだった場合も専用のDockerコンテナの中で行われるため、手元のシステムと異なる場合があります。また、template.ymlではCodeUriでバイナリの置いているフォルダ名を、Handlerでバイナリのファイル名を設定するため、topフォルダの下のtopというバイナリにしないといけません。そのため、次のように対象のプラットフォームを指定し、出力先を設定してビルドします。

```
GOOS=linux GOARCH=amd64 go build -o top/top ./top
```

Lambdaを実行する

これで最低限の設定が出来たので、実際にaws-sam-cliで動かしてみて、文字列が返ってくるかを確認します。template.ymlのあるフォルダで、次のコマンドを実行してください。

```
sam local start-api
```

起動すると次のように、URLとメソッド、およびどのHandlerが呼ばれるかの情報が出力されます。

```
2016-04-01 16:00:00 Mounting TopFunction at http://127.0.0.1:3000/
[GET]
```

curlでこのURLにアクセスすると、先ほど設定した文字列が表示されます。なお、初回アクセス時にはローカルでLambdaを動かすためのDockerイメージをダウンロードするため時間がかかりますが、2回目以降は素早く起動します。

```
$ curl http://127.0.0.1:3000/
This is top!
```

これでSAMでAPIを作ることが出来ました。

2.5　商品を登録する

次に商品を登録できるようにします。商品登録はユーザが使うAPIとは別の場所に作るため、次のようにadmin以下に作ります。

```
PUT /admin/items
```

このパスに対して次のJSON形式でデータを送信すると、DynamoDBにデータが保存されます。今回はidを管理側で発行し、DB側のプライマリーキーとして使います。そのため、更新はPOSTではなくPUTを利用します。

```
$ curl -D - -X PUT -d '{ "id": "item-1",
  "name": "desktop computer", "description": "normal computer",
  "price": 100}' http://127.0.0.1:3000/admins/items
HTTP/1.0 204 NO CONTENT
```

なお、本章の解説からは外れるため、adminユーザの権限管理といった内容は省略します。実際はログイン状態を見てadminユーザでなければ404を返す事が必要です。

DynamoDBのテーブル設定

まずはItemsTableの設定を行います。既にDynamoDB Localにはテーブルを作っていますが、AWSのDynamoDBを使う際にはtemplate.ymlに設定が必要です。次のように書くことで、AWS DynamoDBにidをPrimary KeyとしたItemsTableを作成できます。

リスト2.3: template.yml

```
Resources:
  ItemsTable:
    Type: AWS::Serverless::SimpleTable
```

また、テーブル名は環境変数として設定し、コードから読み取って使用します。これは、AWSのDynamoDBのテーブルを作る際、設定されたキー名にランダムなハッシュ値を付けた名前がテーブル名に設定されるため、ハードコードを避けるために環境変数経由で読み込む必要があるためです。template.ymlではResoruceに設定したItemsTableを指定することで、AWS上では生成されたテーブル名に置き換わります。

第2章　Elasticsearchを利用したECサイトの構築（太田 佳敬）　27

リスト 2.4: template.yml

```
Globals:
  Function:
    Environment:
      Variables:
        TABLE_NAME: !Ref ItemsTable
    Timeout: 10
```

　しかし、この設定はローカルでは上手く動作しないため、ローカル開発の際には先ほど設定した`ItemsTable`で環境変数を上書きします。`template.yml`に`env.json`というファイル名で次の内容を保存してください。

リスト 2.5: env.json

```
{
    "Parameters": {
        "TABLE_NAME": "ItemsTable",
    }
}
```

　設定をし終わったら`sam`コマンドの`--env-vars`というオプションで`env.json`を指定して再度起動します。

```
sam local start-api --env-vars env.json
```

　これにより、AWS上ではDynamoDBに自動でテーブルが作られ、その名前が`!Ref ItemsTable`により環境変数`TABLE_NAME`として設定されます。ローカルでは`--env-vars`により環境変数`TABLE_NAME`に、DynamoDB Localに作った`ItemsTable`という値が設定されます。そのため、コードからは環境変数`TABLE_NAME`を使って正しいテーブル名を取得できます。

SAM LocalでAPIを定義する

　次のように新しく`AdminFunction`というリソースを定義し、`admins`という`Handler`を設定します。また、データの設定はPUTメソッドで行うため、`Method`にも`put`を設定しています。

リスト 2.6: template.yml

```
    Type: AWS::Serverless::SimpleTable
  AdminFunction:
```

28　第2章　Elasticsearch を利用した EC サイトの構築（太田 佳敬）

```
      Type: AWS::Serverless::Function
      Properties:
        CodeUri: admins/
        Handler: admins
        Runtime: go1.x
        Events:
          ItemCreate:
            Type: Api
            Properties:
              Path: /admins/items
              Method: put
  TopFunction:
```

また、top/main.go をコピーし、admins/main.go を作ります。

そして次のように admins をビルドし、SAM を起動し直します。

```
GOOS=linux GOARCH=amd64 go build -o admins/admins ./admins
```

起動をすると、ログに次のような記述が増えており、パスが増えたことがわかります。なお、go のバイナリを更新した場合は SAM の再起動は不要ですが、`template.yml` を変更した場合は今回のように再起動が必要です。

```
Mounting AdminFunction at http://127.0.0.1:3000/admins/items [PUT]
```

この URL に curl でアクセスすると、文字列が返ってくることが確認できます。今はまだ TOP と同じ内容のため、PUT メソッドのパラメータは一切不要です。

```
curl -X PUT http://127.0.0.1:3000/admins/items
This is top!
```

次は admins.go の中身を書き換え、データを DynamoDB に登録するようにします。

DynamoDB Local にアクセスする

ローカル開発では DynamoDB Local を使って開発を進めていきますが、このソフトウエアは sam-cli とは別ソフトウェアです。そのためシームレスな連携はできず、外部の DB 扱いとなるため HTTP 経由でアクセスする必要があります。

Mac で開発を行っている場合、SAM 上の Lambda からは次の URL でアクセスすることが出来ます。

```
http://docker.for.mac.localhost:8000/
```

とはいえ、これを Lambda にハードコードすると本番環境で動かなくなるので、Lambda に対して環境変数としてこの URL を渡すようにします。template.yml には空文字を設定し、env.json にローカルのアドレスを設定してそれを上書きします。コード内では空文字ではない場合にはそのアドレスに対して接続することで、env.json が読み込まれるローカルでのみ DynamoDB Local にアクセスするようにできます。

リスト 2.7: template.yml

```
Globals:
  Function:
    Environment:
      Variables:
        TABLE_NAME: !Ref ItemsTable
        DYNAMODB_ENDPOINT: ''
```

リスト 2.8: env.json

```
{
    "Parameters": {
        "TABLE_NAME": "ItemsTable",
        "DYNAMODB_ENDPOINT":
"http://docker.for.mac.localhost:8000/",
    }
}
```

データ登録機能を作る

次は実際にデータを登録するコードを書きます。今回は github.com/guregu/dynamo という DynamoDB のライブラリがあるのでそれを利用します。

ソースコード全体

admins/main.go を次のように書きます。

リスト 2.9: admins.go

```
package main

import (
        "encoding/json"
```

```go
        "os"

        "github.com/guregu/dynamo"

        "github.com/aws/aws-lambda-go/events"
        "github.com/aws/aws-lambda-go/lambda"
        "github.com/aws/aws-sdk-go/aws"
        "github.com/aws/aws-sdk-go/aws/session"
)

type Item struct {
        ID          string `json:"id" dynamo:"id"`
        Name        string `json:"name" dynamo:"name"`
        Description string `json:"description"
dynamo:"description"`
        Price       int64  `json:"price" dynamo:"price"`
}

func buildErrorResponse(err error)
(events.APIGatewayProxyResponse, error) {
        return events.APIGatewayProxyResponse{
                Body:       err.Error(),
                StatusCode: 500,
        }, nil
}

func handler(request events.APIGatewayProxyRequest)
(events.APIGatewayProxyResponse, error) {
        var item Item
        if err := json.Unmarshal([]byte(request.Body), &item); err
!= nil {
                return buildErrorResponse(err)
        }

        db, err := getDynamoDB()
        if err != nil {
                return buildErrorResponse(err)
        }

        tableName := os.Getenv("TABLE_NAME")
        table := db.Table(tableName)
```

```go
        err = table.Put(item).Run()
        if err != nil {
                return buildErrorResponse(err)
        }

        return events.APIGatewayProxyResponse{
                StatusCode: 204,
        }, nil
}

func getDynamoDB() (*dynamo.DB, error) {
        config := &aws.Config{}

        dynamoDBEndpoint := os.Getenv("DYNAMODB_ENDPOINT")
        if dynamoDBEndpoint != "" {
                config.Endpoint = &dynamoDBEndpoint
        }

        s, err := session.NewSession()
        if err != nil {
                return nil, err
        }

        return dynamo.New(s, config), nil
}

func main() {
        lambda.Start(handler)
}
```

ソースコード解説

　今回はDynamoDBに入れるデータとPUTで送信するデータは同じ構造のため、ひとつの構造体を定義しています。この構造体にJSONとDynamoDBのデータをマッピングしています。

```go
type Item struct {
        ID          string 'json:"id" dynamo:"id"'
        Name        string 'json:"name" dynamo:"name"'
        Description string 'json:"description"
dynamo:"description"'
        Price       int64  'json:"price" dynamo:"price"'
```

```
}
```

前述のとおりevents.APIGatewayProxyResponseを使ってレスポンス用データを設定できます。今回の場合、エラーになった場合の処理を同じにしているので、エラー時の処理を一括して行う関数buildErrorResponseを作成しています。

```
func buildErrorResponse(err error)
(events.APIGatewayProxyResponse, error) {
        return events.APIGatewayProxyResponse{
                Body:       err.Error(),
                StatusCode: 500,
        }, nil
}
```

AWS Lambdaでは引数のrevents.APIGatewayProxyRequest構造体にリクエストに関するデータが入っています。この中のrequest.Bodyに送られてきたJSON文字列が入っているため、先ほど定義した構造体に読み込んでいます。

```
func handler(request events.APIGatewayProxyRequest)
(events.APIGatewayProxyResponse, error) {
        var item Item
        if err := json.Unmarshal([]byte(request.Body), &item); err
!= nil {
                return buildErrorResponse(err)
        }
```

getDynamoDB関数でDynamoDBへのクライアントライブラリを読み込んでいます。

```
        db, err := getDynamoDB()
```

getDynamoDBの中身はこうなっています。環境変数が指定されている時にそちらに対してアクセスを行うことで、sam local時にDynamoDB localへ接続できるようにしています。

```
func getDynamoDB() (*dynamo.DB, error) {
        config := &aws.Config{}

        dynamoDBEndpoint := os.Getenv("DYNAMODB_ENDPOINT")
        if dynamoDBEndpoint != "" {
                config.Endpoint = &dynamoDBEndpoint
        }
```

```
        s, err := session.NewSession()
        if err != nil {
                return nil, err
        }

        return dynamo.New(s, config), nil
}
```

　環境変数TABLE_NAMEを使い、DynamoDBの特定テーブルを表すオブジェクトを作成しています。その後、Put関数により先ほど作ったitemを書き込んでいます。Item構造体はDynamoDBとの対応付けを宣言してあるので、これで自動的に書き込まれます。

```
        tableName := os.Getenv("TABLE_NAME")
        table := db.Table(tableName)

        err = table.Put(item).Run()
```

　最後に正常に終了したら204を返して終了しています。エラーが出た場合はbuildErrorResponseを呼んでreturnしているので、ここまで来たら正常終了と言えます。

```
        return events.APIGatewayProxyResponse{
                StatusCode: 204,
        }, nil
```

データを登録する

　これでDynamoDBへデータ登録するAPIが出来ました。実際に次のようにデータを送信し、きちんと204が返ってくれば完成です。

```
$ curl -D - -X PUT -d '{ "id": "item-1", "name": "desktop
computer",
  "description": "normal computer",
  "price": 100}' http://127.0.0.1:3000/admins/items
HTTP/1.0 204 NO CONTENT
```

　現状では本当に登録されたかをAPIから見ることは出来ませんが、DynamoDBを直接操作することで確認が出来ます。

DynamoDBではScanを使うことでテーブルの全データを取得できます。次のように TableNameとLimitを指定すると、そのTableから指定した件数分だけデータが取得され ます。

```
var params = {
    TableName: 'ItemsTable',
    Limit: 10,
};
dynamodb.scan(params, function(err, data) {
    if (err) ppJson(err);
    else ppJson(data);
});
```

これをDynamoDBのコンソールから実行して、先ほど登録したデータが表示されれば確認完 了です。

2.6 商品詳細を取得する

次に商品詳細を作ります。これは先ほど入れたデータを取得するAPIになります。
具体的には次のようなAPIを定義します。

```
http://127.0.0.1:3000/items/{item_id} [GET]
```

このAPIは、次のように登録したデータのidを指定すると、そのデータをDynamoDBから 取ってきて返します。

```
$ curl http://127.0.0.1:3000/items/item-1
{"id":"item-1","name":"desktop computer",
 "description":"normal computer","price":100}
```

template.ymlの設定

次のようにItemsFunctionを定義します。

リスト2.10: template.yml

```
    Type: AWS::Serverless::SimpleTable
  ItemFunction:
    Type: AWS::Serverless::Function
    Properties:
```

```
        Runtime: go1.x
        CodeUri: items/
        Handler: items
        Events:
          ItemShow:
            Type: Api
            Properties:
              Path: /items/{item_id}
              Method: get
      AdminFunction:
```

/xxx/{hoge}と書くことで、hogeをパラメータに出来ます。そのため、/items/{item_id}でパ
ラメータ引数を実現しています。

なお、DynamoDBの設定はGlobalの設定にしているため、何もせずとも追加したリソースに
環境変数が設定されています。

データ取得機能を作る

次は、実際に商品の詳細データを取得する部分を作っていきます。

ソースコード全体

items/main.goというファイルで次の内容を保存します。

リスト 2.11: items/main.go

```
package main

import (
        "encoding/json"
        "os"

        "github.com/guregu/dynamo"

        "github.com/aws/aws-lambda-go/events"
        "github.com/aws/aws-lambda-go/lambda"
        "github.com/aws/aws-sdk-go/aws"
        "github.com/aws/aws-sdk-go/aws/session"
        "github.com/pkg/errors"
)

type Item struct {
        ID              string `json:"id" dynamo:"id"`
        Name            string `json:"name" dynamo:"name"`
```

```go
        Description string `json:"description"
dynamo:"description"`
        Price       int64 `json:"price" dynamo:"price"`
}

var defaultHeader map[string]string =
map[string]string{"Access-Control-Allow-Origin": "*"}

func buildErrorResponse(err error)
(events.APIGatewayProxyResponse, error) {
        return events.APIGatewayProxyResponse{
                Body:       err.Error(),
                Headers:    defaultHeader,
                StatusCode: 500,
        }, nil
}

func handler(request events.APIGatewayProxyRequest)
(events.APIGatewayProxyResponse, error) {
        id := request.PathParameters["item_id"]
        if id == "" {
                return buildErrorResponse(errors.New("No
item_id"))
        }

        db, err := getDynamoDB()
        if err != nil {
                return buildErrorResponse(err)
        }

        tableName := os.Getenv("TABLE_NAME")
        table := db.Table(tableName)

        var item Item
        err = table.Get("id", id).One(&item)
        if err != nil {
                return buildErrorResponse(err)
        }

        j, err := json.Marshal(item)
        if err != nil {
                return buildErrorResponse(err)
```

```go
        }

        return events.APIGatewayProxyResponse{
                StatusCode: 200,
                Headers:    defaultHeader,
                Body:       string(j),
        }, nil
}

func getDynamoDB() (*dynamo.DB, error) {
        config := &aws.Config{}

        dynamoDBEndpoint := os.Getenv("DYNAMODB_ENDPOINT")
        if dynamoDBEndpoint != "" {
                config.Endpoint = &dynamoDBEndpoint
        }

        s, err := session.NewSession()
        if err != nil {
                return nil, err
        }

        return dynamo.New(s, config), nil
}

func main() {
        lambda.Start(handler)
}
```

ソースコード解説

admins/main.go とは違う部分を説明していきます。

今回作る API は最後に SPA から HTTP 経由でアクセスをします。SPA は違うオリジンから配信する予定のため、アクセス許可用のヘッダを設定しています。

```go
var defaultHeader map[string]string =
map[string]string{"Access-Control-Allow-Origin": "*"}

func buildErrorResponse(err error)
(events.APIGatewayProxyResponse, error) {
        return events.APIGatewayProxyResponse{
                Body:       err.Error(),
```

```
        Headers:    defaultHeader,
        StatusCode: 500,
    }, nil
}
```

Lambdaではrequest.PathParametersにパスパラメーターが入っているのでそれを取り出します。この時、キー名はtemplate.ymlで指定したパスパラメーターの名前になります。

```
func handler(request events.APIGatewayProxyRequest)
(events.APIGatewayProxyResponse, error) {
    id := request.PathParameters["item_id"]
```

データを取得するにはGetで取ってくる条件を指定し、Oneにデータを受け取る構造体を渡します。今回はデータを一意に識別できるitemのidがパスパラメータに入っているため、それを使ってデータを取ってきます。

```
var item Item
err = table.Get("id", id).One(&item)
```

ItemにはJSONのマッピングを書いてあるので、丸ごとJSONに変換してレスポンスのBodyに設定します。また、正常終了した場合のレスポンスにもアクセス許可用のヘッダーを入れています。

```
j, err := json.Marshal(item)
if err != nil {
        return buildErrorResponse(err)
}

return events.APIGatewayProxyResponse{
        StatusCode: 200,
        Headers:    defaultHeader,
        Body:       string(j),
}, nil
```

商品データを取得する

完成したので実際に挙動を試します。

表示用のSPAは最後に作成するため、次のようにcurlでアクセスしてデータが表示されればこの段階では完成です。

```
$ curl http://127.0.0.1:3000/items/item-1
{"id":"item-1","name":"desktop computer",
 "description":"normal computer","price":100}
```

2.7 Elasticserachを使う

最後のAPIとして、Elasticsearchによる検索APIを作ります。

ですが前述のとおりAWSのESはSAMには対応しておらず、DynamoDB Localのようにそっくりの挙動をするソフトウェアもありません。そのため、今回はローカルにあるElasticserachを使って開発をしていきます。また、DynamoDBのようにシームレスに連携するような仕組みはないため、デプロイ時は手動でESのURLを環境変数に変更してください。

Elasticsearchの設定方法は今回は省略しますが、9200版のポートで通信できるものとして進めていきます。想定としてはDockerを使い、次のコマンドでElasticSearh 6.3.1を起動したとして進めていきます。なお、このコマンドでは終了時にデータが全て消滅するのでご注意ください。

```
docker run -p 9200:9200 -p 9300:9300 -e
"discovery.type=single-node"
docker.elastic.co/elasticsearch/elasticsearch:6.3.1
```

2.8 Elasticsearchのインデックスを作る

Elasticsearchでは、インデックスを最初に作る必要があります。API経由でインデックスを作る機能は作らないため、最初に手動でElasticsearchにアクセスしてインデックスを作成します。

具体的には次のように、Elasticsearchの作りたいインデックス名（今回はitems）に対してPUTを送ります。今回はマッピングなどはしないため、特にJSONのデータを送る必要はありません。

```
curl -X PUT 'localhost:9200/items' -H "Content-Type:
application/json"
```

2.9 Elasticsearchにデータを登録する

検索するためにはデータを送らないといけないため、最初にデータを登録する部分を作りま

す。商品のデータは/admins/itemsにPOSTで送ることでDBに保存されるため、そのタイミングでESにもデータを保存します。

Elasticsearchの設定をする

template.ymlにElasticsearchのアドレスと、インデックス回りの情報を環境変数として設定しておきます。

```
Globals:
  Function:
    Environment:
      Variables:
        TABLE_NAME: !Ref ItemsTable
        ITEM_TABLE_INDEX: items
        ITEM_TABLE_TYPE: items
        DYNAMODB_ENDPOINT: ''
        ELASTIC_SEARCH_HOST: ELASTIC_SEARCH_HOST
```

また、env.jsonにもローカルのElasticsearchの設定をします。SAMからみた場合、localhostではなくdocker.for.mac.localhostになります。

リスト2.12: env.json

```
{
    "Parameters": {
        "TABLE_NAME": "ItemsTable",
        "DYNAMODB_ENDPOINT":
"http://docker.for.mac.localhost:8000/",
        "ELASTIC_SEARCH_HOST":
"http://docker.for.mac.localhost:9200/"
    }
}
```

Elasticsearchへの送信機能を作る

これで準備ができたので、実際にデータを送信する部分を作ります。

ElasticsearchはRESTのAPIを提供しているため、LambdaからHTTP経由でアクセスします。また、goによるクライアントライブラリgithub.com/olivere/elasticがあるため、それを利用します。

ソースコード

admins/main.goに次の関数を追加します。この関数は引数のItemをElasticSearchへ登録します。

いくつかライブラリを新規で使っているのでimportの修正が必要です。goimportを実行するか、適切にimportを修正してください。

リスト 2.13: admins/main.go

```
func sendElasticSearch(item Item) error {
    client, err :=
elastic.NewClient(elastic.SetURL(os.Getenv("ELASTIC_SEARCH_HOST")),
elastic.SetSniff(false))
    if err != nil {
        return err
    }

    _, err = client.Index().
    Index(os.Getenv("ITEM_TABLE_INDEX")).
    Type(os.Getenv("ITEM_TABLE_TYPE")).
    Id(item.ID).
    BodyString(
        fmt.Sprintf('{"id": "%s", "name": "%s"}',
                            item.ID, item.Name)).
    Do(ctx)

    return err
}
```

ソースコード解説

Elasticsearchへのclientを作ります。環境変数でElasticsearchのホストを定義してあるので、それを設定しています。

```
client, err :=
elastic.NewClient(elastic.SetURL(os.Getenv("ELASTIC_SEARCH_HOST")),
elastic.SetSniff(false))
```

先ほど作ったインデックスを環境変数で設定しているので、そのitemsに対してデータを登録します。IDとしてはユニークになっているitemのIDを使います。後述しますが、名前で検索をしたいので名前のデータも登録しています。

42 | 第2章 Elasticsearchを利用したECサイトの構築（太田 佳敬）

```go
ctx := context.Background()
    _, err = client.Index().
        Index(os.Getenv("ITEM_TABLE_INDEX")).
        Type(os.Getenv("ITEM_TABLE_TYPE")).
        Id(item.ID).
        BodyString(
            fmt.Sprintf('{"id": "%s", "name": "%s"}',
                            item.ID, item.Name)).
        Do(ctx)
```

Elasticsearchに送信する

送信はDynamoDBに入れた後に先ほどの関数を呼ぶだけです。

```go
err = table.Put(item).Run()
if err != nil {
        return buildErrorResponse(err)
}

err = sendElasticSearch(item)
if err != nil {
        return buildErrorResponse(err)
}
```

　これでビルドし、次のように再度データを登録して問題なく終了すればデータの登録は完了です。DynamoDBへの登録、Elasticsearchへの登録は冪等なので何度やっても大丈夫です。

```
$ curl -D - -X PUT -d '{ "id": "item-1", "name": "desktop
computer",
  "description": "normal computer",
  "price": 100}' http://127.0.0.1:3000/admins/items
HTTP/1.0 204 NO CONTENT
```

　登録されたか確認したい場合は、次のようにElasticsearchに対して直接クエリを送って確認してください。foundのキーにtrueと出ていれば登録に成功しています。

```
$ curl http://localhost:9200/items/items/item-1
{"_index":"items","_type":"items","_id":"item-1",
  "_version":3,"found":true,"_source":{"id": "item-1",
  "name": "desktop computer"}}
```

2.10 Elasticsearchからデータを検索する

Elasticsearchにデータが入ったので、後は検索をしてその結果を表示するだけです。次のAPIを定義します。

```
http://127.0.0.1:3000/search [GET]
```

このAPIはqというパラメータで渡された文字列で商品名の検索を行い、結果を返します。

```
$ curl 'http://localhost:3000/search?q=computer'
[{"id":"item-1","name":"desktop computer"},
 {"id":"item-2","name":"notebook computer"}]
```

template.ymlの設定

すでにElasticsearchの設定は環境変数に設定しているため、template.ymlの設定は特に目新しいものはありません。

リスト2.14: template.yml

```
          Method: get
  SearchFunction:
    Type: AWS::Serverless::Function
    Properties:
      Runtime: go1.x
      CodeUri: search/
      Handler: search
      Events:
        ItemIndex:
          Type: Api
          Properties:
            Path: /search
            Method: get
  AdminFunction:
```

検索機能を作る

準備が整ったので、検索するためのコードを書いていきます。

ソースコード

search/main.goを次のように書いてください。

リスト2.15: search/main.go

```go
package main

import (
        "context"
        "encoding/json"
        "errors"
        "os"
        "reflect"

        "github.com/olivere/elastic"

        "github.com/aws/aws-lambda-go/events"
        "github.com/aws/aws-lambda-go/lambda"
)

var defaultHeader map[string]string =
map[string]string{"Access-Control-Allow-Origin": "*"}

type Item struct {
        ID   string `json:"id"`
        Name string `json:"name"`
}

func buildErrorResponse(err error)
(events.APIGatewayProxyResponse, error) {
        return events.APIGatewayProxyResponse{
                StatusCode: 500,
                Body:       err.Error(),
                Headers:    defaultHeader,
        }, nil
}

func handler(request events.APIGatewayProxyRequest)
(events.APIGatewayProxyResponse, error) {
        query := request.QueryStringParameters["q"]
        if query == "" {
                return buildErrorResponse(errors.New("No query"))
        }
```

```go
        items, err := searchItem(query)
        if err != nil {
                return buildErrorResponse(err)
        }

        j, err := json.Marshal(items)
        if err != nil {
                return buildErrorResponse(err)
        }

        return events.APIGatewayProxyResponse{
                StatusCode: 200,
                Body:       string(j),
                Headers:    defaultHeader,
        }, nil
}

func searchItem(q string) ([]Item, error) {
        items := make([]Item, 0)

        client, err :=
elastic.NewClient(elastic.SetURL(os.Getenv("ELASTIC_SEARCH_HOST")),
elastic.SetSniff(false))
        if err != nil {
                return items, err
        }

        query := elastic.NewSimpleQueryStringQuery(q)

        ctx := context.Background()
        ret, err :=
client.Search(os.Getenv("ITEM_TABLE_INDEX")).Query(query).Do(ctx)

        if ret == nil {
                return items, err
        }

        var item Item
        for _, r := range ret.Each(reflect.TypeOf(item)) {
                if i, ok := r.(Item); ok {
                        items = append(items, i)
```

```
                }
        }

        return items, nil
}

func main() {
        lambda.Start(handler)
}
```

ソースコードの解説

ソースコードの流れについては他のコードと同じですので、差分だけを解説していきます。

Elasticsearchに入っているのはIDと検索対象のnameだけなので、これだけを持った構造体を定義しておきます。レスポンスではこの構造体を使ってJSONを作成します。

```
type Item struct {
        ID    string `json:"id"`
        Name string `json:"name"`
}
```

GETのパラメータはrequest.QueryStringParametersに含まれているため、それを取得しています。

```
query := request.QueryStringParameters["q"]
```

取得したクエリを使っての検索はsearchItem関数で行っています。この関数は検索を行い、Item構造体の配列を返します。

```
func searchItem(q string) ([]Item, error) {
```

今回はElasticsearchの検索については踏み込まないため、simple_query_stringを使って検索をします。これはSearchで検索先のテーブルを指定し、NewSimpleQueryStringQueryで検索用のクエリを作り、それをSearchで指定したテーブルに対して送信することで実現できます。

```
        query := elastic.NewSimpleQueryStringQuery(q)

        ctx := context.Background()
```

第2章　Elasticsearchを利用したECサイトの構築（太田 佳敬）　47

```
        ret, err :=
client.Search(os.Getenv("ITEM_TABLE_INDEX")).Query(query).Do(ctx)
```

Elasticsearchの結果をItem構造体に変換して配列に入れていきます。

```
        var item Item
        for _, r := range ret.Each(reflect.TypeOf(item)) {
                if i, ok := r.(Item); ok {
                        items = append(items, i)
                }
        }
```

ItemはJSONへのマッピングを書いてあるため、その配列もそのままJSONに変換可能です。そのためserachItemで検索を行い、その結果をJSONにしてレスポンスに使っています。

```
        items, err := searchItem(query)
        if err != nil {
                return buildErrorResponse(err)
        }

        j, err := json.Marshal(items)
```

Elasticserachで検索をする

完成したので検索をしてみます。今回はitem-2としてcomputerという単語を含むデータを、item-3としてcomputerを含まないデータをさらに追加しました。追加自体は先ほど作ったadmins/itemsへのPUTで行います。

その状態で、次のように検索クエリの入った商品のデータが返ってくれば成功です。なお、細かい結果はどのようなデータを投入したかによって変わります。

```
$ curl 'http://localhost:3000/search?q=computer'
[{"id":"item-1","name":"desktop computer"},
 {"id":"item-2","name":"notebook computer"}
```

また、なにもヒットしないデータを検索すると結果が0件の配列で返ってきます。

```
$ curl http://127.0.0.1:3000/search?q=no
[]
```

2.11 AWSにデプロイする

最後にデプロイを行います。samコマンドにはデプロイ機能がありますので、そのまま簡単にデプロイできます。なお、SAMはCloudFormationを使っているので、適切な権限を持ったアカウントで実行してください。また、ESはまだSAMでコントロールすることはできないため、事前に作成してホストを環境変数に設定しておいてください。

DynamoDBの権限を設定する

これまではDynamoDB Localで開発をしてきました。ですが、AWS上でDynamoDBにLambda関数からアクセスするためには、適切な権限がその関数に設定されている必要があります。

SAMでは事前定義されたポリシーを簡単に扱えるため、今回はそれを利用します。

template.ymlの各リソースの部分に必要なポリシーを書いていきます。ItemFunctionはDynamoDBの読み込みが必要なので次のように設定します。

```
Handler: items
Policies: AmazonDynamoDBReadOnlyAccess
Events:
```

AdminFunctionは書き込みを行うので書き込める権限が必要です。事前定義されたポリシーには該当するものがないため、フルアクセスを付与します。

```
Runtime: go1.x
Policies: AmazonDynamoDBFullAccess
Events:
```

SearchFunctionとTopFunctionはDynamoDBへのアクセスは行わないため、設定は不要です。

デプロイ用のバケットを作る

SAMのデプロイはS3にファイルを置いて行うため、S3のバケットを作ります。これはWebコンソールでもいいですし、awsコマンドが入っていれば次のコマンドになります。なお、S3のバケット名はアカウントを超えて一意になるため、変更して設定をしてください。

```
% aws s3 mb s3://sam-local-test
```

S3のバケットを作ったら、次のコマンドでSAMの内容をパッケージ化してS3にアップロードします。

```
% sam package --template-file template.yaml --output-template-file
serverless-output.yml --s3-bucket sam-local-test
```

　コマンドが成功すると、S3にファイルがいくつかアップロードされ、--output-template-fileで指定したファイル名でローカルにデプロイ用のファイルが生成されます。

　デプロイは次のコマンドで実行します。前述のとおりSAMはCloudFormationを使っているので、--stack-nameに任意のスタック名を設定してください。

```
% sam deploy --template-file serverless-output.yml --stack-name
sam-ecsite --region us-east-1 --capabilities CAPABILITY_IAM
```

APIにアクセスする

　デプロイが無事に終了したら実際にアクセスをして確かめます。これまで作ってきた一連のエンドポイントは、すべてAPI Gateway経由でアクセス可能になっています。

　awsコマンドでAPI Gatewayのrest-apiを見ると、作成された事が確認できます。

```
% aws apigateway get-rest-apis
{
    "items": [
        {
            "apiKeySource": "HEADER",
            "name": "sam-ecsite",
```

　次のURLのID部分にget-rest-apisで確認出来るidを、REGIONに使用しているリージョン名を入れる事で、アクセスするURLが作れます。(このURLはAPI GatewayのWeb UIでも確認できます)

```
https://{ID}.execute-api.{REGION}.amazonaws.com/Prod
```

　このURLにcurlでアクセスし、トップページに設定した文言が表示されていれば無事デプロイが完了しています。

```
% curl 'https://{ID}.execute-api.{REGION}.amazonaws.com/Prod'
This is top!
```

　適切にパスを設定することで他の機能にもアクセス出来ます。

2.12 ウェブページからアクセスする

一通りのAPIができたので、最後にウェブページからこれらのAPIにアクセスします。残念ながらSAMとの連携機能は無いため、前述のURLをHTML上に直接書き込みます。

ソースコード

次のURLにソースコードを公開しています。このコードのBASE_URLの値をAPI GatewayのURLに置き換え、index.htmlとして保存してください。なお、ローカルで確認をしたい場合は置き換え不要です。

```
https://gist.github.com/ota42y/a7e3e2f558249428367097fdcb6b2089
```

このページはVue.jsで構築されていますが、その解説は本書の趣旨から外れるため説明は省略します。簡単化のために1ファイルで全てが完結するように作ってあります。

S3へアップロードする

S3にはウェブサイトをホスティングする機能があるので、それを利用してindex.htmlをウェブページとして表示できるようにします。

次の手順でウェブページを公開してください。

1. S3のウェブページ用のバケットを作る(例：`sam-public-v1`)
2. `index.html`をそのバケットにアップロードする
3. 作成したバケットのプロパティーから、Static website hostingを選ぶ
4. ウェブサイトをホストする、を選び、インデックスドキュメントに`index.html`を設定して保存する
5. アクセス制限のタブに行き、バケットポリシーを選ぶ
6. 次の設定のBUCKET_NAMEを作成したバケット名にして保存する

```
{
    "Version": "2012-10-17",
    "Statement": [
        {
            "Effect": "Allow",
            "Principal": "*",
            "Action": "s3:GetObject",
            "Resource": "arn:aws:s3:::[BUCKET_NAME]/*"
        }
    ]
}
```

この手順でindex.htmlが公開されます。次のBUCKET_NAMEを作成したバケット名に、REGIONを使用しているリージョンに置き換えてURLを作成してください。(これはS3のプロパティーからも確認できます)

```
http://{BUCKET_NAME}.s3-website-{REGION}.amazonaws.com
```

URLにアクセスするとウェブページが表示されます。検索ボックスに文字列を入れて検索ボタンを押すと検索APIを使って商品を検索し、結果をリスト形式で表示します。また、検索結果をクリックすると詳細APIを使って詳しいデータを取ってきて表示します。

図2.2: ウェブページ

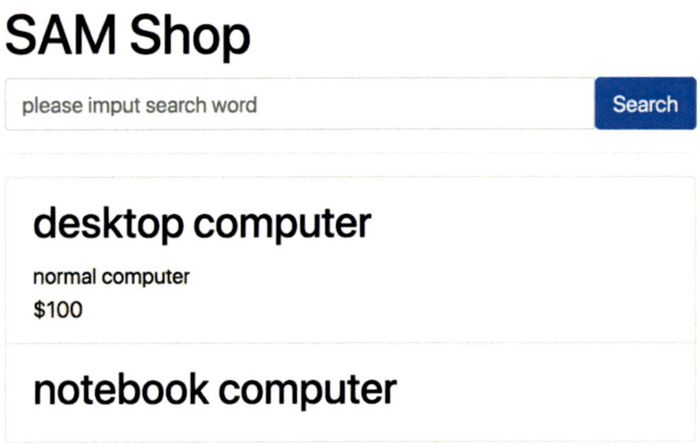

2.13 まとめ

本章では、ゼロからElasticsearchで商品を検索できるECサイトの構築、というテーマで、
・SAMでのAPI定義
・SAMでのローカル開発の仕方
・LambdaからのDynamoDBの使い方
・LambdaからのElasticsearchの使い方
・ウェブサイトをS3で公開する方法
について解説しました。

今回、ElasticsearchやDynamoDBといった個々の要素の詳細には踏み込みませんでした。これらには特性があるので実際には色々するべき事がありますが、SAMとの連携に関してはおおよそ今回説明した方法で実現可能です。

第3章 AWS IoT（佐々木 美穂）

3.1 AWS IoTとは？

AWS IoTはセンサー、スマートデバイスなどのIoTデバイスとCloudと双方間にやりとりできるプラットフォームを提供しています。そのため複数のセンサーからクラウドにデータを送信し、そのデータをAWSの他の機能を使用して分析・通知することができます。

3.2 AWS IoT Component

ここではAWS IoTのそれぞれの機能について説明していきます。

図3.1: AWS IoT 全体像

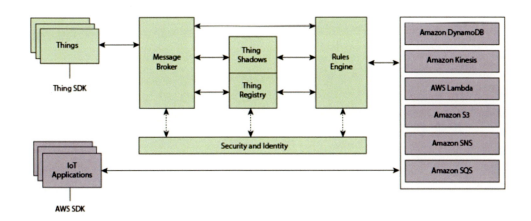

Things Registry

AWS IoTとやりとりをするセンサーなど、IoTデバイスを管理する部分のことを指します。IoTデバイスを登録しておくことで、それぞれのデバイスに紐づく情報や通信を保護するための証明書などを管理することが可能になります。

Message Broker

Message Brokerとは実際にデバイスから送られてきたデータをさばき、後述するRules Engineへデータを送る役割をしている部分のことを指します。AWS IoTとIoTデバイス間でやり取り

するデータなどのメッセージの送受信をコントロールしており、主にWebsocketとMQTTと呼ばれる軽量なプロトコルが使用されています。またHTTP REST interfaceも送信するときに使用することができます。

Rules Engine

　Message Brokerから送られてきた時に、どのようなアクションを行うかを設定することができます。アクションとは、AWSの他の機能へのアクションであり、例えばDynamoDBデータベースにデータを書き込んだり、Lambda関数を呼び出すことが可能です。また送られてきたデータがJSON形式の場合、データに対してSQLのようなクエリを書くことができ、データを抽出することで、特定のデータが来た時のみアクションを起こす、といったことが可能になります。例えばこのようなデータが送られてきたとします。

リスト3.1: CLI(Command Line Interface)

```
{
    "e": [
        { "n": "temperature", "u": "Cel", "t": 1234, "v":22.5 },
        { "n": "light", "u": "lm", "t": 1235, "v":135 },
        { "n": "acidity", "u": "pH", "t": 1235, "v":7 }
    ]
}
```

　ここで次のクエリを設定します。

リスト3.2: CLI

```
SELECT
  (SELECT v FROM e WHERE n = 'temperature') as temperature
FROM
  'my/topic'
```

　ここではまずeというkeyの中の、nというKeyの値がtemperatureであるデータを取り出します。そしてそのデータのvのKeyの値を取り出し、temperatureというKeyの値としてデータを再編します。この結果として出力されるのが次のデータになります。

リスト3.3: データ

```
{"temperature":22.5}
```

　この結果がデータとして次のアクションに渡されます。またこのようなクエリを設定し、指定されたKeyがなかった場合はアクションは行われません。

Security and Identity

デバイスがAWS IoTとやり取りする時には、証明書を使用したセキュアな通信をしなければなりません。Rules Engine・Message BrokerなどがほかのAWS IoTの機能と連携する際にも証明書などの認証情報が必須になります。

3.3 基本構成

今回は部屋に気温センサーを置き、気温センサーが20℃を超えた場合に通知を行う想定で構成し、AWS IoTについて説明します。※今回はAWS IoTの仕組みについてがメインなのでraspberry piの設定・気温の取得方法に関しては触れません。通知が可能になるという部分だけコマンドラインで確認します。

図3.2: 構成図

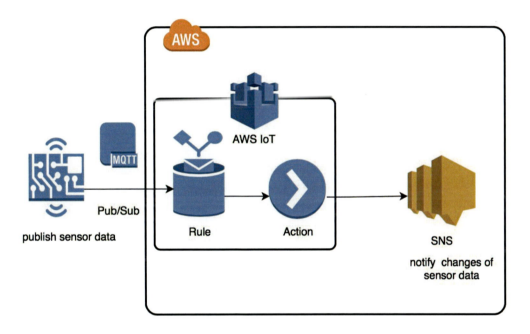

3.4 手順

この構成をもとにAWS IoTを使って機能をつくっていきましょう。

デバイスの登録

まずデバイスの登録を行います。

1．AWS IoT consoleを開き、「新規作成」をクリックします。

図 3.3: デバイスの登録 1

2．「単一の AWS IoT モノの登録」のボタンをクリックします

図 3.4: デバイスの登録 2

3．デバイスの名前を追加します

ここで次のようにタイプを登録することもできます。（登録しなくても大丈夫です）センサーが増えてきた時に、種類・目的別に分けておくと検索などがしやすく便利です。

図 3.5: デバイスの登録 3

証明書の発行

次の画面で証明書を発行します。このデバイスに紐づく証明書を作成することができます。

図3.6: 証明書の発行1

証明書が発行されるので、全てダウンロードしておいてください。またCAのダウンロード先のリンクも保存しておいてください。ダウンロードが終わったらポリシーのアタッチのボタンを押し、ポリシーの設定に移ります。

図3.7: 証明書の発行2

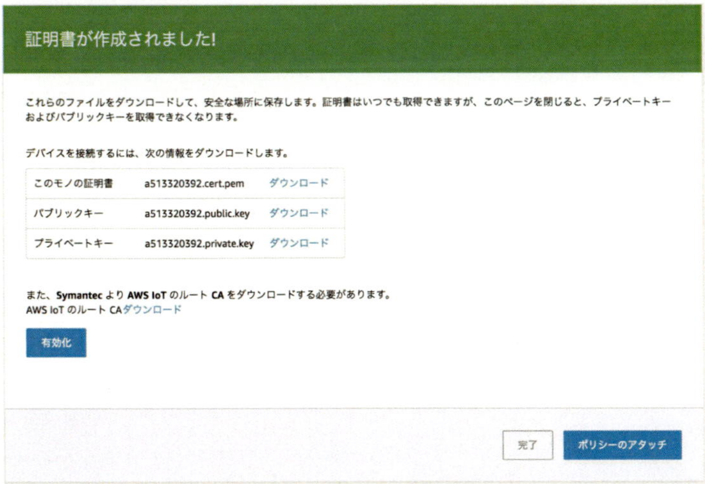

3.5 ポリシーの設定とは?

ポリシーの設定では、どのようなタイプのデータの送受信を許可するのかというアクセス権限を設定することができます。ポリシーの中では、アクション・リソースを設定することで特

定のリソースがどこまでアクセスできるのか、といったことを設定できます。

アクションの中で、iot:Connect は AWS IoT メッセージブローカーに接続するアクセス権限を表し、iot:Subscribe は MQTT トピック・トピックフィルターにアクセスする権限を設定します。

ここまで説明していない単語がたくさん出てきたので、個別に説明します。

3.6　MQTTトピック・トピックフィルター

AWS IoT に送るデータには、それぞれトピック名をつけなければなりません。トピック名は同アカウント・リージョンの中では一意でなければならず、Test というトピック名があった場合、同アカウント・リージョンでは Test という別のトピック名をつくることはできません。このトピックは、AWS IoT に送られてきたデータをどこに送るのかを識別するために重要です。トピックフィルターとはルールを設定する時に、どのトピック名のものに対してルールを適用するのか設定するのに使用されます。

3.7　AWS IoT メッセージブローカー

デバイスが AWS IoT にデータを送る時に、トピック名を登録（サブスクライブ）します。

トピック名付きのデータが AWS IoT に到達すると、そのトピック名を登録しているクライアントに対してデータが送られます。このクライアントとは同じように AWS IoT に接続しているデバイスになります。またトピック名を登録するということをサブスクライブと呼びます。

ポリシーの生成

次に前述したポリシーをアクションに設定します。

今回はポリシーをひとつも設定していないので、ポリシーの選択のところから新規作成画面に移れます。また AWS IoT のトップページの左のトグルの、安全性の欄からもポリシーの作成画面に移ることができます。ポリシーの設定＞アクションの部分に iot:*, リソースの部分に * を記入し作成ボタンを押します

図 3.8: policy の生成

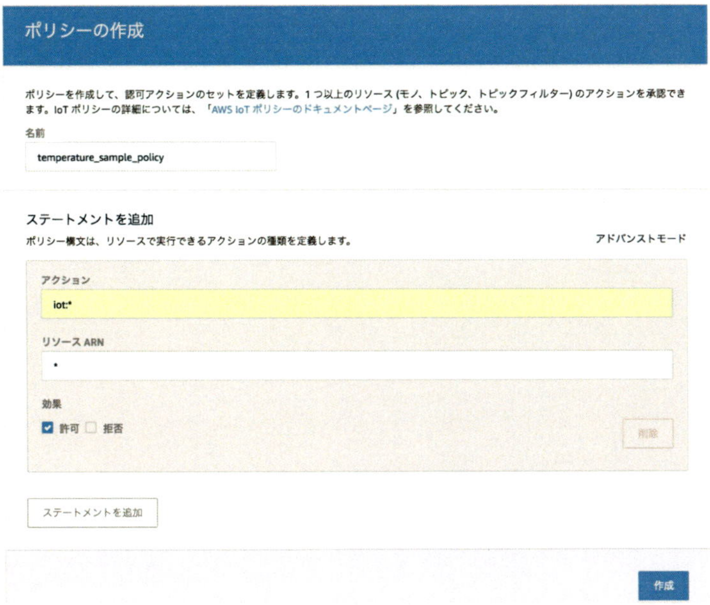

証明書の画面からアクションのプルダウンを選択し、ポリシーのアタッチを選択し、先程作成したポリシーを選択します

図 3.9: policy の生成 2

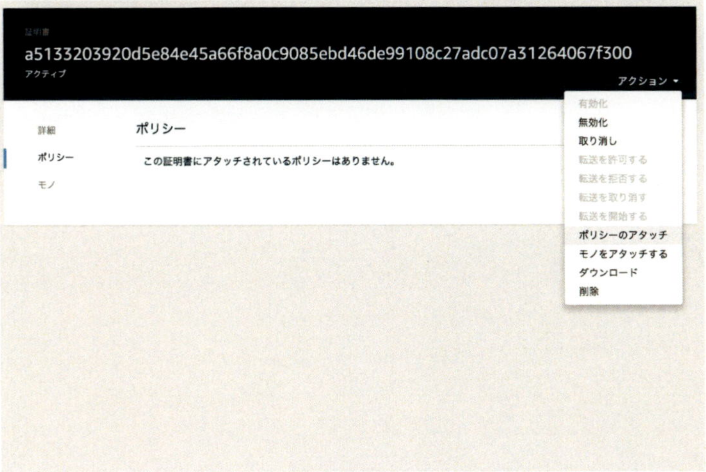

これでポリシーと証明書を紐付けることができました

ルールの設定

次にルールを設定します。

今回は「温度が 20℃になったら通知する」という設定で、条件をルールに設定していきます。

第 3 章　AWS IoT（佐々木 美穂）　59

ルールの新規作成画面に移ります。

図 3.10: rule の設定

クエリ形式で、属性・トピックフィルター・条件を設定することができます。それぞれについて説明していきます。

属性とは、データの中からどの Key を取り出すのかを指定しています。今回は気温の情報が欲しいので、temperature の Key 名を指定します。

トピックフィルターとは、AWS IoT に送られたデータから、どのトピック名のものに対してルールを適用するのかを設定します。

60　　第 3 章　AWS IoT（佐々木 美穂）

条件は、属性で指定したKey名の値に対して、条件を指定できます。（値が数値である場合は>,< 等の記号を使用します）今回は「温度が20℃以上」の条件の時に通知を送りたいので、属性をtemperature,トピックフィルターをtemperatureTopic/sns,条件をtemperature > 20と入力します。これは、トピック名がtemperatureTopic/snsのデータで、temperatureというKey名の値が20より上であった場合にこのルールが適用されます。今回の条件に当てはまるのは、このようなデータであった場合です。

リスト3.4: データ

```
{
  "temperature" : 20
}
```

アクションの設定・その1

「温度が20℃以上の条件の時」、というところまで設定しましたが、その場合「何をするのか」というところをアクションによって設定していきたいと思います。

アクションを選択する画面に遷移すると、アクション一覧が表示され、AWSで可能なサービス一覧が表示されます。今回は通知を行いたいのでSNSを選択します。

図3.11: actionの設定

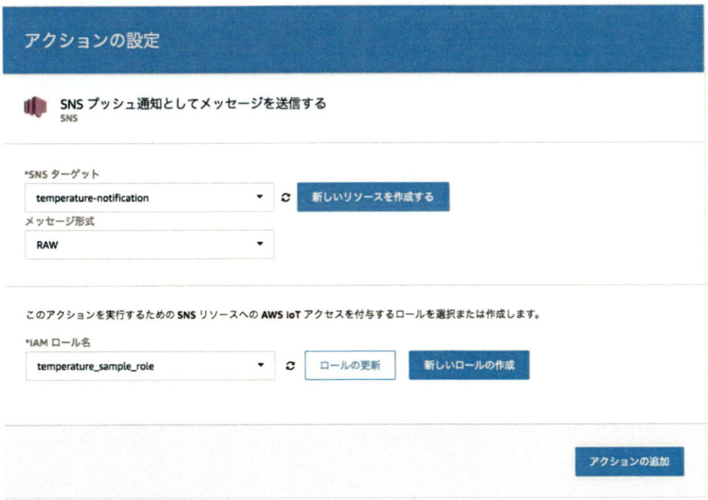

アクション設定の画面では、まだAmazon Simple Notification Service（以降、SNS）の設定を行っていないため、SNSターゲットがありません。新しいリソースを作成するを選択し、新しいリソースを作成しましょう。

Amazon Simple Notification Service (SNS) とは?

今回通知の部分はAWSの機能であるSNSを使用していきます。これはAmazon Simple Notification Serviceというもので、主に通知を発行するのに使用されます。AWS IoTと同じで、それぞれどの通知なのかを識別するためにトピック名を付けなければなりません。トピック名に対して通知する相手（メール・URLなど）を登録しておくことで、トピック名が呼び出された時に登録したところに通知が来るという仕組みになっています。

トピックの生成

ではSNSの設定をします。今回は「条件が満たされた時に通知を送る」という設定でSNSを利用していきます。アクションの設定の画面から新しいリソースを作成するというボタンを押すと、トピック一覧が表示されます。新しいトピックの作成を選択し、トピック名・表示名を入力します。

図3.12: topicの設定

トピック一覧画面に戻り、ARNというカラムの値の部分（図の青い部分）をクリックすることで詳細画面に行くことができます。

図3.13: topicの設定2

ここでトピックに対するサブスクリプション（登録）の設定をしていきます。この仕組みはAWS IoTのトピック名と基本的に同じものになっています。トピック名に対してサブスクリプ

ションを登録しておくと、トピック名が呼ばれたときには、トピック名に対して登録したところにデータが送信されます。サブスクリプションの作成ボタンから新規作成を行います。今回はメールに通知を送りたいので、プロトコルはメールを選択し、エンドポイントにはメールアドレスを入力してください。

図3.14: topicの設定3

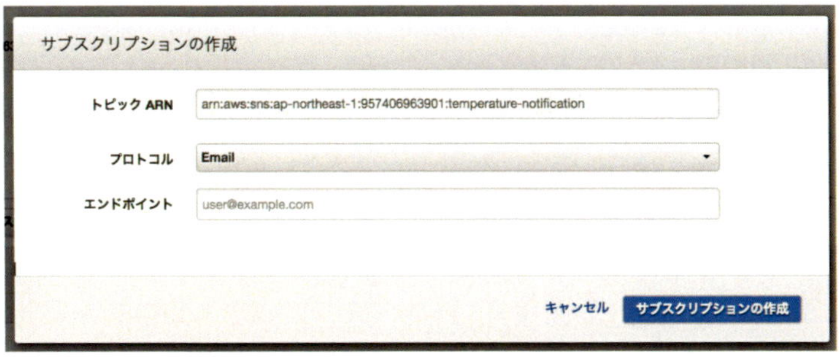

サブスクリプションの発行とともに確認メールが送られてくるので、サブスクライブを承認してください。これでSNS側の設定は完了です。トピック詳細画面の発行ボタンを押し、新規メッセージからテスト用のメッセージを発行するとメールアドレスに通知が来ることが確認できます。

アクションの設定・その2

SNSの設定が終わったので、ここで先程のアクションの設定画面に戻ります。同期ボタンを押すと、プルダウンに先程のSNSトピックが追加されているので追加します。

画面下の方でロール名を指定しなければなりません。ロール名とユーザーアカウントは異なるのですが、ロール名に対してAWSのどの機能にアクセスしていいのかという権限をあたえることができます。今回ここで新規作成をすると、このロール名を持つユーザーはAWS IoTにアクセスできるということになります。任意のロールを選択・新規作成してください。ロール名の選択が終わり、アクションの追加ボタンを押し、アクションカードが追加されれば完了です。

clientの設定

今回は「センサーの温度が20℃以上になった時にメールで通知を送る」のがゴールです。具体的にはraspberry piにて温度を取得し、AWS IoTに通知するのがゴールですが、実際にコマンドラインできちんとメッセージが送れているのかを確認しましょう。これにはMosquittohttps://mosquitto.org/man/mosquitto_pub-1.htmlを使用して確認していきます。

MosquittoとはMQTT Brokerのオープンソース実装であり、今回のMQTTプロトコルでやりとりするために使用します。

ダウンロードはそれぞれのOSにhttps://mosquitto.org/download/したがって
Downloadしてください。

早速メッセージを発行してみたいと思います。

リスト3.5: CLI

```
mosquitto_pub --cafile /path/to/file --cert /path/to/file  \
--key /path/to/file -h hogew.iot.ap-northeast-1.amazonaws.com  \
-p 8883 -q 1 -d -t "temperatureTopic/*" -m '{"temperature": 28}'
```

・--cafile root CA file

・--cert 証明書

・--key 秘密鍵file

・-t トピック

・-m メッセージ

次のようにログが出力され、メールの通知が届いていることが確認できます。

リスト3.6: ログ

```
Client mosqpub|53186-******** sending CONNECT
Client mosqpub|53186-******** received CONNACK
Client mosqpub|53186-******** sending PUBLISH (d0, q1,
   r0, m1, 'temperatureTopic/*', ... (19 bytes))
Client mosqpub|53186-******** received PUBACK (Mid: 1)
Client mosqpub|53186-******** sending DISCONNECT
```

今度はサブスクライブしてみて受け取ってみましょう

リスト3.7: CLI

```
mosquitto_sub --cafile /path/to/file --cert /path/to/file \
--key /path/to/file
-h hoge.iot.ap-northeast-1.amazonaws.com \
-p 8883 -q 1 -d -t "temperatureTopic/*"
```

・-h ホスト名

・-p ポート番号(デフォルトは8883)

・-q Quality of Service(QoS)の指定(何回メッセージを発行するのか)

・-d これをつけることでデバッグメッセージ(上のようなログ)を表示する

実行した状態で先程のpublishのコマンドを実行しましょう

リスト3.8: ログ

```
Client mosqsub|53387-******* received PUBLISH (d0, q1, r0, m1,
    'temperatureTopic/*', ... (19 bytes))
Client mosqsub|53387-******* sending PUBACK (Mid: 1)
{"temperature": 28}
```

受けとれていることが確認できます。

3.8 sdkを利用した実行方法

ここまでで、きちんとデータが送れていることが確認できました。今回はAWSから提供されているrubyのsdk（https://github.com/RubyDevInc/aws-iot-device-sdk-ruby）を使用します。raspberry piで使用する際には、rubyのバージョンが2.2以上であるなどの制約があるため、注意しましょう。

サンプルの実装は次のようになります。ここではraspberryのCPU温度を送る実装になっていますが、raspberry piにセンサーを取り付けることで、様々な値を送ることが可能になります。

リスト3.9: sample.rb

```
require 'mqtt'
require 'json'

//CPU温度の取得
temp = `cat /sys/class/thermal/thermal_zone0/temp`
temp_formatted = temp.to_f.quo(1000)

MQTT::Client.connect(host: [host名],
                     port: 8883,
                     ssl: true,
                     cert_file: [署名へのpath],
                     key_file: [秘密鍵へのpath],
                     ca_file: [CAファイルへのpath]) do |client|
  str = JSON.generate({ "temperature" => temp_formatted})
  puts str
  client.publish("temperatureTopic/*", str)
end
```

3.9 まとめ

今回はAWS IoTを使ってIoTデバイスの登録からメッセージの送信・通知までを行いまし

た。IoTデバイスとAWS IoTの連携なども比較的簡単に設定できるようになっています。また最近のアップデートでは集めたデータの分析などもできるようになってきているのでいろいろ応用できそうです。

第4章　AWS Media Servicesで構築するサーバーレスな動画サイト（矢田 裕基）

　この章では、AWSを使ってサーバーレス構成での動画配信サービスを実装する手法を解説します。

　2017年に新登場したAWS Media Servicesを利用することで、今までサーバーレス構成では実装することが難しかった動画配信サービスを実装することが可能になりました。特にオンデマンドでの配信や生放送での配信について、詳しく見ていきます。

4.1　AWS Media Servicesの登場

　AWS re:Invent 2017で動画などのメディアコンテンツに対するサービス群である「AWS Media Services」が発表・リリースされました。しかも全て正式版としてのリリースであり、既にすべてのサービスが東京リージョンにもリリースされています。そのため、何も問題もなく今すぐこのサービス群を使うことができます。

　これまで、AWSではサーバーレス構成で使えるメディアに対するサービスはAmazon S3と連携が可能な動画変換サービスである「Amazon Elastic Transcoder」しかありませんでした。このサービスはAmazon S3でアップロードされた動画ファイルを検知して、その動画ファイルのサムネイル画像や新たな動画ファイルをエンコードしてS3にアップロードするというサービスです。ただ、リアルタイムで動画の変換をするサービスではありませんので、動画の生配信などに使えるサービスではありませんでした。

　今回の「AWS Media Services」は、通常の動画のエンコードはもちろんのこと、生配信用のエンコードもパソコンや携帯端末やタブレットなどの各デバイスに向けたエンコードも可能となります。もちろん、アクセス数に応じて自動でスケールアウトもされますし、動画配信するサービスのために必要な広告の挿入機能も提供されます。動画配信サービスに必要な機能は、一通りこれで用意されました。

　これらの機能は「AWS Elemental MediaConvert」、「AWS Elemental MediaLive」、「AWS Elemental MediaStore」、「AWS Elemental MediaPackage」、「AWS Elemental MediaTailor」という5つのサービスに分かれて提供されます。まずはそれぞれのサービスを一通り見ていくことにしましょう。

AWS Elemental MediaConvert

　最初に紹介するのは「AWS Elemental MediaConvert」です。これはファイルベースの動画変換サービスです。

図 4.1: AWS Elemental MediaConvert の仕組み

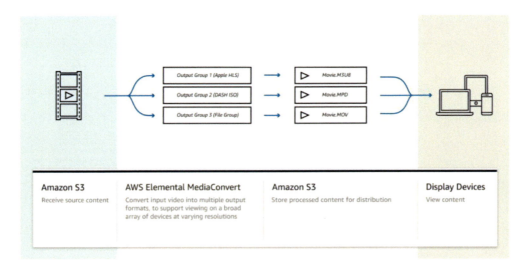

既存のAWSのサービスにうまく組み込める仕組みになっています。Amazon S3からファイルを受け取り、適切な動画フォーマットにして変換します。変換したファイルはAmazon S3に保存され、そのファイルを各ユーザがダウンロードして閲覧する形です。

機能としては、先ほども紹介した「Amazon Elastic Transcoder」に近いものだと考えていいと思います。ただし、「Amazon Elastic Transcoder」より画質のオプションやコンテンツ保護、音声のオプション等が強化されています。そのため、「Amazon Elastic Transcoder」よりもかなり自由度が高くなっていますので、今後はこちらを使った方が良さそうです。

AWS Elemental MediaLive

次に紹介するのは「AWS Elemental MediaLive」です。こちらは主に動画の生配信等で使えるサービスです。

動画のストリームをリアルタイムで変換したり、各デバイスに合わせて適切なサイズに圧縮するといったこともできます。もちろん従量課金制なので使った分だけの課金ですし、冗長性も高く、大量のアクセスが来て映像が配信できなくなる、といった心配もありません。

特にこの生配信のようなユーザーとの通信が常に発生するようなサービスは、既存のAWSのサービスによるサーバーレス構成では実現しにくかった部分でもあります。そういった意味でも、「AWS Elemental MediaLive」は皆が待ち望んでいたサービスと言えるかもしれません。

AWS Elemental MediaStore

「AWS Elemental MediaStore」はメディア向けのストレージサービスです。

既にAWSにはAmazon S3というストレージサービスがありますが、Amazon S3は拡張性や信頼性に重点を置いた設計になっているため、そこまで高いパフォーマンスや応答速度がある

わけではありません。例えば、動画の生配信では配信側は常にストレージサービスに書き込み
をしつつ、受信側がストレージサービスに大量の読み込みをするといった要件が求められます。
今までのAmazon S3ではそういった要件に対応できるような機能はありませんでした。

そこで「AWS Elemental MediaStore」を使うと、Amazon S3への書き込みや読み込みに
キャッシュ層が追加されます。このキャッシュ層は、動画の生配信にも耐えられる高い書き込
み性能と読み込み性能を提供しつつ、その裏側で従来のAmazon S3にも書き込みを行います。
これにより、メディア向けのサービスに必要なパフォーマンスを得つつ、今までのAmazon S3
と同じように扱うこともできるストレージサービスとなっています。

主に「AWS Elemental MediaConvert」や「AWS Elemental MediaLive」と組み合わせて使
うことになるでしょう。

AWS Elemental MediaPackage

「AWS Elemental MediaPackage」は動画等のメディアに対して多くのデバイスで再生可能
にすることとデータ保護のための暗号化を提供するサービスです。

スマートフォンやタブレット、テレビ、ゲーム等のインターネット対応デバイスで動画を再
生しようとした場合、各デバイス、各OSに対応した適切な動画フォーマットに変換する必要が
あります。そこで、「AWS Elemental McdiaPackage」を使えば、各デバイスで再生可能な動画
フォーマットに変換してくれるのです。

また、そこでデータを保護するための暗号化にも対応しています。これも各デバイスによっ
てフォーマットが異なるのですが、「AWS Elemental MediaPackage」は多くのフォーマットに
対応しているので、安心して各デバイスに動画を配信することが可能になります。主に「AWS
Elemental MediaLive」と組み合わせて使うことになるでしょう。

AWS Elemental MediaTailor

「AWS Elemental MediaTailor」は動画の広告のためのサービスです。

動画を使ったサービスを運営する上で、今や映像に対する広告を表示する機能は必須です。
しかし、ただ単に広告を表示すればよいというわけでもなく、視聴者の好みに合わせて広告を
表示する必要があります。しかし、視聴者に対してどの広告を出すか？や広告を動画再生す
る際の先頭に持ってくる、といった機能を実装するのは大変です。そこで「AWS Elemental
MediaTailor」を使うと、生配信や動画の視聴者にコンテンツとパーソナライズされた広告を提
供できます。

4.2　さっそく使ってみる

「AWS Media Services」はかなり強力なサービスです。これらのサービスを組み合わせれば、
大抵の動画サービスは実装できてしまうのでは？と思えるくらいに機能が充実しています。実

際にAmazon Prime Video等にも既に使用されているようなので、サービスの信頼性も高そうです。

では、さっそくこれらのサービスを利用して、動画配信サイトを実装することにしましょう。今回はユーザーが動画をアップロードしたら配信されるシステムを実装します。

まずは、そのために必要な機能をリストアップしてみます。

・各デバイスからアップロードされた動画の保存
・アップロードされた動画のエンコード
・エンコードした動画の保存
・エンコードした動画の配信

さて、これらの機能をサーバーレスで実装するとなると、どのような設計になるでしょうか？

動画サービスでは大量のアクセスに対応できる対応性、複数の動画を管理できる管理機能、動画エンコードの待ち時間の表示といった、様々な要件が求められます。サーバーレスでの構成はパズルのようなものですが、実際慣れていないとまず何から考えたらいいかも分からないと思います。

そういうときはAWS Answersを覗いてみましょう。

AWS Answersを覗く

AWS AnswersはAWSでアプリケーションを実装を行う上で、一般的な設計などに対して役に立つ情報がまとまっているサイトです。これを読むと実装する上でのベストプラクティスが把握できると共に、場合によってはその場でデプロイまでできてしまいます。もちろん、今回の要件に適した情報もあります。「Video on Demand on AWS」というページはまさに今回の要件にあったページです。

「なんだよ、そんなページあるならこの章いらないじゃん！」

と思ったあなた。だいたい合っています。正直これを見た瞬間、原稿を書く気がどんどん消えていきました。とはいえ、ちょっとこのページに書いてある構成を解説しつつ、その動きを追っていきましょう。

動画がアップロードされたら……

今回は、全体像から動画ファイルがどのように配信されていくのかを追っていきましょう。本来はエラー処理等の細かい処理も入りますが、ここでは大まかな流れを追うために省略しています。

図4.2: ユーザーから動画がアップロードされた直後

　まずは、配信したい動画ファイルをユーザーAmazon S3のバケットにアップロードするところから始まっています。先ほどもチラッと紹介しましたが、Amazon S3はストレージサービスです。サーバーレスでファイルを扱う上でほぼ必ず使用する重要なサービスです。ファイルがアップロードされた、ファイルを削除したなどの保持しているファイルに変更があれば、Amazon SNSやAmazon SQSにメッセージを送信する、または任意のAWS Lambdaを起動するといったことが可能となっています。ここでは、ファイルがアップロードされた場合にAWS Lambdaを経由して、AWS Step Functionsという別のサービスを起動する形になっています。

AWS Step Functionsとは何か？

　このAWS Step Functionsとはどのようなサービスなのでしょうか？
　これはステートマシンと呼ばれるアプリケーションの状態を定義することで、AWS Lambdaの処理をより高度なフローに乗せることができるものです。例えば、ひとつのイベントが発生したら複数のAWS Lambdaの処理を同時に並列で実行したり、ひとつのAWS Lambdaの結果を受けて、その結果から次に実行するAWS Lambdaを切り替えるといったことも可能になります。AWS Lambdaはあくまで小さな処理を実行するためのものでしたが、AWS Step Functionsと組み合わせることでよりより大きな処理を実行することが可能となったのです。
　この構成では3つのAWS Step Functionsが使用されています。
・動画取り込み（ingest）
・動画の変換（processing）
・動画の公開（publishing）
　では、これらの処理を見ていきましょう。

動画取り込み時のフローを覗く

　ファイルがアップロードされた場合に動作するAWS Step Functionsは何をしているのでしょうか？ここではその処理の内容を追ってみます。

図 4.3: 動画取り込み Step Functions

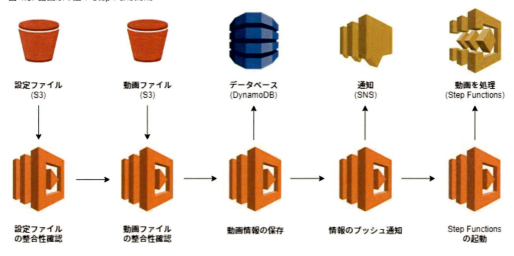

まずは整合性の確認です。動画ファイルと共に設定ファイルをアップロードするとエンコード設定を変える機能があるため、その設定ファイルが正しい形になっているかを確認しています。その後、動画ファイルの確認を行っています。

整合性の確認が終わった後は、それらの情報をデータベースに書き込んで情報を保存します。使っているデータベースは Amazon DynamoDB です。その後、Amazon SNS へメッセージを送信しています。最後に次の Step Functions を起動して終了します。

動画の変換

動画取り込み時が正常に終わった段階でこちらが起動します。

図 4.4: 動画の変換 Step Functions

しかし、動作内容はそれほどありません。動画を変換するためのプロファイルを作成し、

AWS Elemental MediaConvertにジョブとして渡しているだけです。これでAWS Elemental MediaConvertが起動して、動画を適切な形に変換します。

AWS Elemental MediaConvertが起動したら、DynamoDBにある動画の情報を書き換えてこの動画が現在変換中であることを示しておくと共に、ジョブの情報を保存しておきましょう。次のStep Functionsで使用します。

動画の公開

AWS Elemental MediaConvertにはジョブのステータス変更に対して、Amazon CloudWatch Eventsを通じて自動で他のサービスを起動することができます。今回の場合ではAmazon SNSにメッセージを送信するようにしています。そのメッセージを受信して起動するのが、このStep Functionsです。

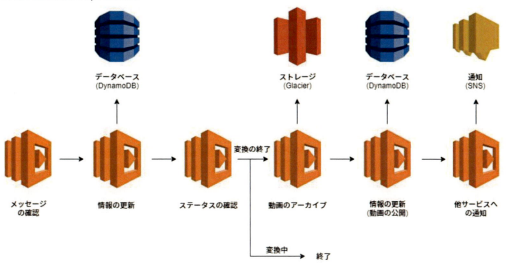

図4.5: 動画の公開Step Functions

最初に変換された動画の確認から行います。まずは、メッセージの内容からDynamoDBに保存された情報を取得してきます。メッセージの内容をDynamoDBに反映したら、その内容の確認です。ジョブのステータス変更に対してメッセージが送られてくるので、変換が終わったものとは限らないのです。変換中であったり、エラーである場合もあります。今回の場合は変換中であれば、そのまま終了します。変換が正常に終了した場合、動画を公開するための処理に移ります。

動画を公開するための処理は、まず変換した動画を長期間保存するためにAmazon Glacierというストレージサービスに保存した後、DynamoDBの情報を更新して公開中というようにステータスを変更します。最後に公開したことを他のサービスにも伝えるためにAmazon SNSでメッセージを送信することで終了です。これで無事に動画が公開になるわけです。

4.3 終わりに

どうでしたでしょうか？ サーバーレスの構成とはいえ分割して流れを追っていくと、それぞれの構成はかなりシンプルな構成ではなかったでしょうか？ もちろん、動画サイトの構築が終わるわけではありません。このテンプレートでは、動画をアップロードして、動画を変換して再配置するところまでです。この後、DynamoDBに保存された動画情報からWebAPIを構築して、Webサイトに一覧で表示するなどの作業が待っているわけです。しかし、1番構築が難しいであろう動画のエンコード部分がこんなにも簡単に構築できて、しかもスケーラビリティも高いとなると、これだけでかなりの価値があります。

さらにこのテンプレートをカスタマイズして「AWS Media Services」の他のサービスと組み合わせれば、アップロードされた動画に対してDRMを付けることや、動画を見る前に広告を配信するといった機能も実装可能です。まだリリースされて間もない「AWS Media Services」ですが、既に強力なサービスです。今後も機能改善がされると思われますので、AWSで動画サービスを始めるとなったら、確実に使うサービスになりそうです。

第5章 AWS Media Servicesによるサーバーレスアーキテクチャーの歩き方（矢田 裕基）

　この章では、AWSを使ってサーバーレスアーキテクチャーで動くアプリケーションを実装する上で、頻出するパターンやサービスを紹介します。

　AWS Media Services（以降、AWS）には多くのサービスがあり、一見するとどれを使えばいいかがよくわからないことが多くあります。特にサーバーレスアーキテクチャーによる開発では、通常のサーバーによる開発以上に多くのサービスについて知る必要があります。

　基本的なサービスと開発上よく使うパターンを知ることで、数多くあるサービスの中から何のサービスをどの様に使うのが適切なのか？がわかるようになるでしょう。

5.1　AWSでサーバーレスアプリを作るにあたって

　AWSは、サーバーレスアーキテクチャーでアプリケーションを作るのに最適な環境のひとつです。現在、AWS上には数多くのサービスが存在しています。所謂クラウド的なサービスの中でも随一の数でしょう。それはサーバーレスアーキテクチャーでのアプリケーション開発において、できることが多いということでもあります。

　しかし、そのサービスの多さからか、「AWSを始めたはいいけど、どのサービスを使ったらいいかが全くわからない」という人も数多くいると思います。そのため、AWSを使う上では「まず何をどう作るか？を考え、その上で使うサービスを選んでいく」というプロセスが重要になってきます。すべてのサービスを覚える必要はありません。AWSでは日々サービスが増えていますが、それはクライアント開発等で言えばAPIが増えたというだけです。必要になった段階で覚えるということに変わりはありませんし、基本的なサービスは変わっていません。

　まずは基本的なサービスを覚えて、その上で必要であればそのサービスを知るということで構わないのです。ここでいう基本的なサービスというのは、サーバーレスアーキテクチャーでのアプリケーション開発において必須となるサービスです。そこを押さえてしまえば、あとは「こういう機能がほしいなー」と思った段階で覚えていきましょう。

5.2　基本的なサービス

　ここで紹介するサービスは、AWSのサーバーレスアーキテクチャー上でアプリケーションを実装する上で、ほぼ必ず使うサービスとなります。

　これらのサービスは、今までのサーバー開発で必要な部分をサービスとして分割したものと考えるとわかりやすいです。コンピューティングやデータベース、ストレージを使わないでア

プリケーションを作るといったことはほぼなかったと思いますので、理解するのはそれほど難しくないでしょう。

しかし、AWSのサーバーレスアーキテクチャーはスケールアウトすることが前提となっていますので、ところどころで今までのサーバー開発と違った部分もあります。その違いがわかると、今後の理解がスムーズになります。

AWS Lambda

AWS Lambdaはもはや言わずもがな、AWSのサーバーレスアーキテクチャーにおける核となるサービスです。Function as a Service（FaaS）と呼ばれるサービスで、ユーザは必要なプログラミングコードを任意のタイミングで実行できるサービスとなっています。

使う際に、実行環境を準備する必要があるとか、大量のアクセスを捌き切るためにスケールアウトする設計を考える、といったことは必要ありません。任意のタイミングで自分の作ったプログラミングコードで動き出すだけですので、シンプルに考えることができます。

AWSのサーバーレスアーキテクチャーにおいて、AWS Lambdaの役割は「あるサービスから受け取ったイベントを、適切に変換し、あるサービスに渡す」といったことが大半です。サービスとサービスを繋いで、それによって求める機能を実現できます。

Amazon DynamoDB

Amazon DynamoDBはデータベースサービスです。その名のとおり、データベースを扱うことができます。しかし、MySQLやPostgreSQLのようなSQLタイプのデータベースではなく、NoSQLと呼ばれるタイプのデータベースです。

所謂RDBMSと呼ばれるような、データの関係性を定義するようなテーブル構造とは考え方が違います。正規化されたテーブル構造ではなく、非正規化をすることが前提になっています。そのためトランザクション等はありませんが、多くの接続を受け入れることができたり応答速度が速いなどのメリットがあります。

このあたりを詳しく語ってしまうとページが足りないため本書では触れませんが、このような仕組みになっているのには理由があります。AWS Lambdaはその仕組み上、大量のアクセスがあればその分サービスが起動しコードが実行されます。そこにデータベースへの書き込みや読み込みをしようとするならば、その分大量にデータベースへ接続しようとします。そんな大量の接続に、SQLタイプのデータベースは現状耐えることができないのです。無理にやろうとすれば耐えることも可能ですが、その分料金もかかりあまり現実的ではありません。そのため、サーバーレスアーキテクチャーで使うことが想定されたDynamoDBではNoSQLタイプとなっています。

Amazon S3

Amazon S3はストレージサービスです。要はSSDやハードディスクのような保存領域を扱

うサービスです。APIで使えるDropboxやGoogleドライブのようなサービスと考えてもよいかもしれません。

　API経由でファイルのアップロードもダウンロードも可能ですし、それらをイベントとして発行することも可能です。そのイベントから、AWS Lambdaを実行したり、後述するAmazon SNSにメッセージを送ったりするのも簡単です。これらのサービスをうまく組み合わせると、例えばAmazon S3に画像をアップロードすると自動で別のフォルダにその画像のサムネイルを生成するといったこともできます。

　また、簡易的なHTTPサーバーのにもなりますので、HTMLを置いて設定するだけでWebサイトにもなりますし、画像置き場としても使えるでしょう。もちろん、静的なファイルを置く場所としても使えるので、サーバーレスアーキテクチャーで静的なファイルが必要になればまず使うサービスです。

5.3　ユースケースから考える

　基本的なサービスの紹介につづき、その上で使えるサービスをいくつか紹介しましょう。

　ここから紹介するサービスは、今までのサーバー開発でいうと「ライブラリ」に近い部分とも言えるかもしれません。基本的なサービスで十分アプリケーションは開発できるのですが、サポートできない部分や多くの人がよく使う部分はサービス化されています。例えば、最近のアプリケーションでアカウントによるログインを使わないというものは皆無でしょうし、AWSにはちゃんとその機能を提供するサービスが存在しています。

　今回は、AWSのサーバーレスアーキテクチャーでよく使われるユースケースを紹介しつつ、それに合ったサービスを紹介します。

ケース1：HTTP(S)通信を受け取りたい

　Webアプリケーションやスマートフォン用のAPIを作りたいという場合、ほぼHTTP(S)による通信は必須と言えるでしょう。AWS LambdaだけではAWSの提供するAPIを通じて実行結果を得ることも可能ですが、流石にそれをクライアント側に強いるというのは酷というものです。もちろん、HTTP(S)による通信をサポートするサービスがAWS内にありますので、それを活用していきましょう。

Amazon API Gateway

　Amazon API GatewayはAPIの作成や管理が簡単に行えるサービスです。

　AWS Lambdaと使う場合は、HTTPによるアクセスによってAmazon API Gatewayが発行するイベントをAWS Lambdaが受け取り、AWS Lambdaの出力を返却してくれます。また、出力元をAWS Lambdaだけではなく、Amazon S3にすることもできます。あまり更新が発生しない出力、例えば、マスター情報のような出力にはAPI GatewayとAmazon S3を繋げることで出力するといったパターンも十分使えるでしょう。

更にキャッシュ機能が存在します。キャッシュを活用すれば、AWS Lambdaの実行時間を減らすことができますし応答性も上がるので、是非こちらも活用してみてください。

ケース2：サインイン・サインアップとユーザー認証

アプリケーションによっては会員登録が必要になることは多いと思います。もちろんAWS LambdaとAmazon DynamoDBを駆使すれば可能ですが、すべてを自作するのは大変です。

最近のアプリケーションだと、ただ会員登録を作るだけでは済みません。スマートフォン向けアプリケーションのAPIとなると、GoogleやFacebookでのログインが求められることも多いでしょう。すでに会員登録が必要なアプリケーションを別で作っていれば、そのアプリケーションのアカウントでログインする必要もあります。

これらを一括で管理してくれるサービスがAmazon Cognitoです。

Amazon Cognito

AWS Cognitoは、Webやモバイルアプリケーション向けの認証機能やユーザー管理機能をサポートしたサービスです。

アプリケーション独自のユーザー名とパスワードを使用しての認証はもちろんのこと、GoogleやFacebook、Amazonのアカウントを使った認証もサポートしています。また、Open ID Connectと Security Assertion Markup Language 2.0 (SAML 2.0) に対応した認証もサポートしています。なので、自身の作ったアプリケーションの認証システム側で対応できれば、Amazon Cognitoとの連携が行えるでしょう。

まだ会員登録を済ませてないユーザーでも使えるようにゲストアカウントもサポートしています。また、パスワードの要件だったりEメールや電話による確認等も設定できますので、認証に関することはほとんどこのサービスにまかせて良いでしょう。

ユーザー情報の保持にも使えますが制限が厳しいこともあるので、DynamoDBの方に保存したり後述のAWS AppSyncを使うと良いでしょう。

AWS Identity and Access Management

Amazon Cognitoはあくまで認証機能を提供するサービスです。そのため、「認証したユーザーはどのサービスのどのリソースにアクセスして良いのか？」を管理するのはAWS Identity and Access Management（以降、IAM）となります。

IAMはサーバーレスアーキテクチャーだけでなく、AWSを使う上でほぼ必須とも言えるサービスです。ここでは詳細の解説を省きますが、Amazon Cognitoと組み合わせる例では、通常のサインインの時とゲストサインインの時でアクセスできるリソースの制御が可能です。例えば、Amazon API Gatewayの上でサインインが必須のAPIに対して、通常のサインインの場合はアクセスできるが、ゲストサインインのときはアクセスできなくなるといったことも可能です。

AWS AppSync

AWS AppSyncは、Webやモバイルアプリケーションに必要なデータの保存や処理、取得を
リアルタイムで自動に更新するためのサービスです。(Firebaseが提供するRealtime Database
やCloud Firestoreやに近いものだと考えてください。)

AWS AppSyncを使うと、Webやモバイルアプリケーションで使うユーザー情報を、デバイ
ス間で同期する機能が簡単に実装できます。GraphQLで必要なデータを取得・保存したり、オ
フライン時にデータをローカルにキャッシュし、オンラインになったら同期するといったこと
が可能となります。さらに、AWS Lambdaの関数を実行したりやAmazon DynamoDBへのア
クセス、Amazon Elasticsearchで検索を行うこともできます。

今まではAmazon Cognito上にAmazon Cognito Syncというユーザー情報をデバイス間で同
期できるサービスがあったのですが、AWS AppSyncの登場でこちらは非推奨となりました。

ケース3：確実に処理を完了する必要がある

アプリケーションを開発する過程で、どうしても「この処理は何があっても確実に完了させな
ければいけない」という事例が存在します。例えば、決済処理が挙げられます。お金を扱う上
で決済処理に失敗した場合の復旧手段がないというのは致命的です。しかし、コンピューター
は万能ではなくミスをすることもありますし、処理を任されているサービスそのものが落ちて
いる場合も十分に考えられます。

そこで一時的にメッセージを溜め込んでおき、そのメッセージを順に処理したのちに処理が終
わったらそのメッセージを削除する、といった仕組みを作ると確実性が増します。所謂キュー
イングと呼ばれている手法ですが、AWSにはそれをサービスとして実装されています。

Amazon Simple Notification Service（SNS）

SNSはメッセージを送信するサービスです。ここでいうメッセージとは任意のテキストを
伴ったイベント、ということです。

SNSは、APIを通じてメッセージを様々なところに送信できます。例えば、メールの文章に
して任意のメールアドレスに送信することも可能ですし、指定のURLにアクセスしに行くと
いったことも可能です。また、モバイルのプッシュ通知にも対応しています。

その中でもよく使うパターンが後述のAmazon Simple Queue Service（以降、SQS）へメッ
セージを送信するパターンです。

Amazon Simple Queue Service（SQS）

SQSはキューイングのサービスです。SNSからのメッセージを受け取ることができ、順に貯
め込みます。

溜め込んだメッセージはAWS Lambdaで読み込み、実行できます。正常に実行が終了すれば
メッセージを削除し、万が一失敗した場合はメッセージを残して再度実行しましょう。

以前はSQSを読み込むためのAWS Lambdaを5分間隔などで定期実行していたのですが、最近の機能追加でAWS Lambdaを直接起動できるよう機能が改善されました。

ケース4：AWS Lambdaだけでは賄えない処理を行う

　AWS Lambdaは優秀ですが、欠点もあります。例えば、計算に長時間かかる処理は向いていませんし、制限時間もあります。メモリを増やせばその分計算能力も向上しますが、ネットワーク処理が絡んだ場合だとどうしても通信に時間がかかってしまいます。

　また、AWS Lambdaで定義した関数同士を組み合わせて使いたいということもあるでしょう。関数の実行結果によって、次に実行する関数を切り替えられるとAWS Lambdaでできることが広がりそうです。以前はSNSとSQSを使って実行結果をキューイングして、次の関数を実行するなどの方法が採られることがありましたが、その仕組みを作るのも用意するのも面倒でした。

　そこで登場したのがAWS Step Functions（以降、Step Functions）です。

AWS Step Functions（Step Functions）

　Step Functionsは、AWS Lambdaを組み合わせてより大きな処理を実現できるようになっています。Amazon States LanguageというJSONベースの言語で、AWS Lambdaのワークフローを実装することが可能です。

　指定のAWS Lambdaの関数を順々に実行していくことや、結果によって次に実行する関数を変更する分岐、ふたつ以上の関数を並列で実行してその実行結果を待つことも定義可能です。もちろん、これらを組み合わせることもできるので高い自由度があります。

まとめ

　駆け足でしたが、本章ではAWSを使ったサーバーレスアーキテクチャー上で使えるサービスの紹介や、その組み合わせパターンを紹介しました。しかし、これ以外にもAWSでは多くのサービスが存在し、サーバーレスアーキテクチャーで使えるサービスが多く存在します。本書でも紹介しているAWS IoTや、AWS Media Servicesもそんなサービスのうちのひとつです。

　是非、これらのサービスから発展させて、よりよいサーバーレスアーキテクチャーでのアプリケーション開発を実践してみてください。

著者紹介

矢田 裕基（やた ひろき）
AWS Lambdaに触れてから、如何にして安くAPI構築をするかを考え始めてサーバーレスという考え方に手を染めた。でも、現在はAndroidアプリを作っているエンジニア。最近は、入門系の記事ばっかり書いている人になりつつある。とある界隈では「低温料理したお肉を提供する人」として認知されている。

太田 佳敬（おおた よしあき）
メインの仕事はマイクロサービスのWebアプリを開発する仕事だが、スマホのゲームから機械学習までとりあえずなんでもやる人。一部のマイクロサービスをサーバレスにすることでコストを安くスケールもしやすくなるのではと思い、サーバレスに手を出し始める。
@ota42y https://ota42y.com

佐々木 美穂（ささき みほ）
大学院でIoTの研究をしつつインターンでAndroidアプリを作っている人。猫とことりんをこよなく愛しています。
@sasamihoo

森岡 周平（もりおか しゅうへい）
会社では主にWebアプリケーションをRailsで開発しています。最近はIDaaSの導入なども進めており、IDaaSのアイデンティティプロビジョニングをサーバレスできないか考え諸々模索中。

◎本書スタッフ
アートディレクター/装丁：岡田章志＋GY
編集協力：飯嶋玲子
デジタル編集：栗原 翔

技術の泉シリーズ・刊行によせて
技術者の知見のアウトプットである技術同人誌は、急速に認知度を高めています。インプレスR&Dは国内最大級の即売会「技術書典」（https://techbookfest.org/）で頒布された技術同人誌を底本とした商業書籍を2016年より刊行し、これらを中心とした『技術書典シリーズ』を展開してきました。2019年4月、より幅広い技術同人誌を対象とし、最新の知見を発信するために『技術の泉シリーズ』へリニューアルしました。今後は「技術書典」をはじめとした各種即売会や、勉強会・LT会などで頒布された技術同人誌を底本とした商業書籍を刊行し、技術同人誌の普及と発展に貢献することを目指します。エンジニアの"知の結晶"である技術同人誌の世界に、より多くの方が触れていただくきっかけになれば幸いです。

株式会社インプレスR&D
技術の泉シリーズ 編集長 山城 敬

●お断り
掲載したURLは2018年9月1日現在のものです。サイトの都合で変更されることがあります。また、電子版ではURLにハイパーリンクを設定していますが、端末やビューアー、リンク先のファイルタイプによっては表示されないことがあります。あらかじめご了承ください。
●本書の内容についてのお問い合わせ先
株式会社インプレスR&D メール窓口
np-info@impress.co.jp
件名に『本書名』問い合わせ係」と明記してお送りください。
電話やFAX、郵便でのご質問にはお答えできません。返信までには、しばらくお時間をいただく場合があります。なお、本書の範囲を超えるご質問にはお答えしかねますので、あらかじめご了承ください。
また、本書の内容については NextPublishing オフィシャルWebサイトにて情報を公開しております。
https://nextpublishing.jp/

●落丁・乱丁本はお手数ですが、インプレスカスタマーセンターまでお送りください。送料弊社負担 にてお取り替えさせていただきます。但し、古書店で購入されたものについてはお取り替えできません。
■読者の窓口
インプレスカスタマーセンター
〒101-0051
東京都千代田区神田神保町一丁目 105番地
TEL 03-6837-5016／FAX 03-6837-5023
info@impress.co.jp
■書店／販売店のご注文窓口
株式会社インプレス受注センター
TEL 048-449-8040／FAX 048-449-8041

技術の泉シリーズ
Amazon Web Servicesサーバーレスレシピ

2018年10月5日　初版発行Ver.1.0（PDF版）
2019年4月12日　Ver.1.1

著　者　矢田 裕基,太田 佳敬,佐々木 美穂,森岡 周平
編集人　山城 敬
発行人　井芹 昌信
発　行　株式会社インプレスR&D
　　　　〒101-0051
　　　　東京都千代田区神田神保町一丁目105番地
　　　　https://nextpublishing.jp/
発　売　株式会社インプレス
　　　　〒101-0051　東京都千代田区神田神保町一丁目105番地

●本書は著作権法上の保護を受けています。本書の一部あるいは全部について株式会社インプレスR&Dから文書による許諾を得ずに、いかなる方法においても無断で複写、複製することは禁じられています。

©2018 Hiroki Yata,Yoshiaki ota,Miho sasaki,Shuhei Morioka. All rights reserved.
印刷・製本　京葉流通倉庫株式会社
Printed in Japan

ISBN978-4-8443-9844-8

NextPublishing®

●本書はNextPublishingメソッドによって発行されています。
NextPublishingメソッドは株式会社インプレスR&Dが開発した、電子書籍と印刷書籍を同時発行できるデジタルファースト型の新出版方式です。https://nextpublishing.jp/